Amar Saraswat

Dinâmica de grandes volumes de dados: Gerir conjuntos de dados maciços

Amar Saraswat

Dinâmica de grandes volumes de dados: Gerir conjuntos de dados maciços

ScienciaScripts

Cover image: www.ingimage.com

This book is a translation from the original published under ISBN 978-620-7-63898-7.

Publisher:
Sciencia Scripts
is a trademark of
Dodo Books Indian Ocean Ltd. and OmniScriptum S.R.L publishing group

120 High Road, East Finchley, London, N2 9ED, United Kingdom
Str. Armeneasca 28/1, office 1, Chisinau MD-2012, Republic of Moldova, Europe
Printed at: see last page
ISBN: 978-620-7-61819-4

Dinâmica de grandes volumes de dados: Gerir conjuntos de dados maciços

Por

Dr. Amar Saraswat
Prof. Assistente - Departamento de CSE
Escola de Engenharia e Tecnologia
K. R. Mangalam University, Gurugram

Índice

Capítulo 1: Introdução à dinâmica dos grandes volumes de dados 3

Capítulo 2. Fundamentos de Big Data 11

Capítulo 3. Tecnologias para o tratamento de grandes volumes de dados 19

Capítulo 4. Desafios na gestão de conjuntos de dados maciços 27

Capítulo 5. Estratégias para uma gestão eficaz dos dados 35

Capítulo 7: Tendências futuras em Big Data 50

Capítulo 8: Conclusão 58

Capítulo 9: Leitura adicional e materiais de investigação 65

Capítulo 1: Introdução à dinâmica de Big Data

Introdução

No panorama digital atual, o termo "megadados" tornou-se omnipresente, representando os volumes vastos e em constante expansão de dados estruturados e não estruturados gerados por inúmeras fontes, como as redes sociais, sensores, dispositivos móveis, etc. No entanto, o que verdadeiramente distingue os grandes volumes de dados não é apenas o seu volume, mas também a sua velocidade, variedade e veracidade. Esta convergência de factores dá origem ao conceito de Big Data Dynamics, que engloba a evolução e transformação contínuas dos dados em tempo real.

Na sua essência, a Dinâmica de Grandes Dados engloba a natureza fluida dos dados à medida que estes passam por várias fases de geração, recolha, armazenamento, processamento e análise. Ao contrário dos conjuntos de dados estáticos tradicionais, os grandes volumes de dados estão constantemente em movimento, influenciados por inúmeros factores internos e externos. Este dinamismo apresenta desafios e oportunidades para as organizações que procuram aproveitar o seu potencial para obter conhecimentos e inovação.

Um dos principais desafios colocados pela dinâmica dos grandes volumes de dados é a necessidade de uma infraestrutura ágil e escalável capaz de lidar com o rápido afluxo de dados provenientes de diversas fontes. Os sistemas tradicionais de gestão de dados têm frequentemente dificuldade em lidar com a velocidade e a variedade dos grandes volumes de dados, o que exige a adoção de tecnologias avançadas como a computação distribuída, o armazenamento em nuvem e a análise em tempo real.

Além disso, a natureza dinâmica dos grandes volumes de dados exige uma mudança de paradigma na forma como as organizações abordam a análise de dados e a tomada de decisões. Os processos estáticos e orientados para os lotes já não são suficientes num mundo em que os dados são continuamente gerados e actualizados. Em vez disso, as organizações devem adotar a análise em tempo real e a modelação preditiva para extrair informações atempadas e responder rapidamente às circunstâncias em mudança.

Além disso, a dinâmica dos grandes volumes de dados ultrapassa o domínio técnico para abranger aspectos organizacionais e culturais. A implementação bem sucedida de iniciativas de megadados requer colaboração interfuncional, quebrando silos entre TI, ciência de dados e unidades de negócio. Também é necessária uma cultura de tomada de decisões orientada por dados, em que os conhecimentos derivados da análise de megadados informam as escolhas estratégicas e os processos operacionais.

Para além dos seus desafios, a Big Data Dynamics oferece oportunidades significativas de inovação e vantagem competitiva. Ao aproveitar o poder da análise de dados em tempo real, as organizações podem obter uma compreensão mais profunda do comportamento dos clientes, das tendências do mercado e do desempenho operacional. Isto, por sua vez, permite-lhes otimizar processos, personalizar experiências e identificar novos fluxos de receitas.

Além disso, a natureza dinâmica dos megadados permite às organizações detetar e responder a oportunidades e ameaças emergentes de forma mais eficaz. Através da monitorização e análise contínuas das principais métricas, as empresas podem detetar anomalias, antecipar tendências e tomar medidas proactivas para mitigar os riscos ou capitalizar as oportunidades de forma atempada.

Em conclusão, a dinâmica dos grandes volumes de dados representa uma mudança fundamental na forma como percepcionamos e utilizamos os dados na era digital. Engloba a natureza fluida dos dados à medida que evoluem e interagem com o seu ambiente em tempo real. Ao aceitarem os desafios e as oportunidades da dinâmica de megadados, as organizações podem abrir novas possibilidades de inovação, crescimento e vantagem competitiva num mundo cada vez mais dinâmico e interligado.

1.1. O que é Big Data?

Big Data refere-se aos vastos e diversos volumes de dados estruturados e não estruturados gerados por várias fontes e sistemas, que são demasiado grandes e complexos para serem geridos e analisados de forma eficaz utilizando técnicas tradicionais de processamento de dados. Inclui informações de fontes como as redes sociais, sensores, dispositivos móveis, dados transaccionais e muito mais. O termo "grande" não se refere apenas ao tamanho dos dados, mas também à sua velocidade, variedade e veracidade. O Big Data é caracterizado pelos seus três Vs: volume, velocidade e variedade.

O volume refere-se à quantidade de dados que são gerados a cada segundo. Com a proliferação de dispositivos e sensores digitais, o volume de dados gerados explodiu exponencialmente. Este enorme volume de dados apresenta tanto oportunidades como desafios para as organizações que procuram extrair informações valiosas e tomar decisões baseadas em dados.

A velocidade refere-se à velocidade a que os dados são gerados e recolhidos. No atual mundo digital de ritmo acelerado, os dados estão a ser gerados a um ritmo sem precedentes. Os fluxos de dados em tempo real provenientes de fontes como as redes sociais, os dispositivos IoT e as transacções em linha exigem que as organizações processem e analisem os dados rapidamente para extrair informações accionáveis e responder prontamente às mudanças nas condições do mercado ou às necessidades dos clientes.

A variedade refere-se aos diversos tipos e formatos de dados que estão a ser gerados. Os Big Data englobam dados estruturados, como bases de dados e folhas de cálculo, bem como dados não estruturados, como texto, imagens, vídeos e publicações nas redes sociais. Esta variedade de tipos de dados apresenta desafios em termos de integração, armazenamento e análise de dados, mas também oferece oportunidades para as organizações obterem conhecimentos mais profundos através da análise conjunta de diversos conjuntos de dados.

A veracidade refere-se à qualidade e fiabilidade dos dados. Com a grande quantidade de dados que estão a ser gerados, existe frequentemente incerteza quanto à exatidão, integridade e consistência dos dados. Os problemas de veracidade podem resultar de erros na recolha, processamento ou armazenamento de dados, bem como da manipulação intencional ou não intencional dos dados. A resolução dos problemas de veracidade é crucial para garantir a fiabilidade dos conhecimentos derivados da análise de Big Data.

Para além dos três Vs, o Big Data também se caracteriza pelo seu potencial de criação de valor. Ao aproveitarem e analisarem eficazmente o Big Data, as organizações podem descobrir informações, padrões e correlações valiosos que podem informar a tomada de decisões estratégicas, melhorar a eficiência operacional, melhorar as experiências dos clientes, impulsionar a inovação e criar novas oportunidades de negócio. No entanto, a concretização de todo o potencial dos megadados exige não só tecnologias avançadas e ferramentas analíticas, mas também cientistas e analistas de dados qualificados que possam interpretar os dados e obter informações accionáveis.

Globalmente, o Big Data representa uma mudança de paradigma na forma como as organizações recolhem, gerem e analisam os dados. Oferece oportunidades sem precedentes para a inovação e o crescimento, mas também coloca desafios significativos em termos de volume, velocidade, variedade e veracidade dos dados. Para aproveitar o poder do Big Data, as organizações têm de investir nas tecnologias, nos talentos e nos processos certos para captar, armazenar, processar e analisar eficazmente os dados e obter informações accionáveis que conduzam ao sucesso empresarial no mundo atual orientado para os dados.

1.2. Evolução das tecnologias de megadados

A evolução das tecnologias de grandes volumes de dados tem sido revolucionária, remodelando a forma como recolhemos, analisamos e utilizamos grandes quantidades de informação. Desde os seus humildes primórdios até ao seu estado atual, as tecnologias de megadados sofreram transformações significativas impulsionadas pelos avanços na capacidade de computação, nas capacidades de armazenamento e nos algoritmos de processamento de dados.

No início, os grandes volumes de dados caracterizavam-se principalmente pelo desafio de armazenar e gerir grandes volumes de dados. As bases de dados e os sistemas de armazenamento tradicionais estavam mal equipados para lidar com a escala e a variedade de dados que estavam a ser gerados. No entanto, o advento de tecnologias como o Hadoop, em meados da década de 2000, marcou um ponto de viragem. O Hadoop introduziu o conceito de computação distribuída, permitindo que os dados sejam processados em clusters de hardware de base, possibilitando assim o armazenamento e o processamento escaláveis de grandes volumes de dados.

À medida que os megadados continuaram a crescer em complexidade e volume, surgiram novas tecnologias para enfrentar desafios específicos. Por exemplo, o Apache Spark, introduzido em 2014, revolucionou o processamento de grandes volumes de dados com as suas capacidades de computação na memória, permitindo uma análise de dados mais rápida e eficiente. Da mesma forma, tecnologias como o Apache Kafka e o Apache Flink surgiram para lidar com o fluxo de dados em tempo real, facilitando o processamento de dados à medida que são gerados.

A evolução das tecnologias de megadados também foi moldada pelos avanços na aprendizagem automática e na inteligência artificial. Estas tecnologias permitiram o desenvolvimento de algoritmos sofisticados para a análise de dados, incluindo a análise preditiva, o processamento de linguagem natural e a visão por computador. Como resultado, os grandes volumes de dados passaram do simples armazenamento e processamento de dados para a extração de conhecimentos accionáveis e para a tomada de decisões informadas em vários sectores.

Além disso, o surgimento da computação em nuvem democratizou o acesso às tecnologias de Big Data, permitindo que organizações de todos os tamanhos aproveitem recursos de computação escaláveis sem a necessidade de investimentos iniciais significativos em infraestrutura. As plataformas baseadas na nuvem, como o Amazon Web Services (AWS), o Microsoft Azure e o Google Cloud Platform (GCP), oferecem uma vasta gama de serviços de megadados, desde o armazenamento e o processamento até à análise e à aprendizagem automática, facilitando às empresas o aproveitamento do poder dos megadados.

A evolução das tecnologias de megadados também foi acompanhada por uma mudança no sentido de uma maior ênfase na privacidade e segurança dos dados. Com a proliferação de violações de dados e preocupações com a privacidade, as organizações estão a investir cada vez mais em tecnologias e estratégias para proteger dados sensíveis e garantir a conformidade com requisitos regulamentares como o RGPD e a CCPA. Como resultado, a encriptação de dados, a anonimização e o controlo de acesso tornaram-se componentes integrais das modernas plataformas de Big Data.

Olhando para o futuro, a evolução das tecnologias de Big Data não mostra sinais de abrandamento. As tendências emergentes, como a computação de ponta, a computação quântica e a cadeia de blocos, estão preparadas para remodelar ainda mais o panorama dos megadados, permitindo um processamento de dados mais rápido, uma segurança melhorada e uma maior descentralização. Além disso, à medida que a Internet das Coisas (IoT) continua a proliferar, espera-se que o volume e a variedade de dados gerados disparem, impulsionando ainda mais a inovação nas tecnologias de megadados.

Em conclusão, a evolução das tecnologias de megadados tem sido marcada pela inovação e adaptação contínuas ao panorama de dados em constante mudança. Desde a superação dos desafios de escalabilidade até à análise em tempo real e à aprendizagem automática, as tecnologias de megadados transformaram a forma como aproveitamos o poder dos dados para gerar valor comercial e impacto social. Ao olharmos para o futuro, as possibilidades dos grandes volumes de dados são ilimitadas, prometendo novas oportunidades e desafios em igual medida.

1.3. Importância da gestão de conjuntos de dados maciços

Na nossa era digital, a geração e a acumulação de conjuntos de dados maciços tornaram-se uma consequência inevitável da nossa dependência da tecnologia. Estes conjuntos de dados, frequentemente designados por grandes volumes de dados, têm um potencial imenso para as empresas, os governos e a investigação científica. No entanto, a sua grande dimensão e complexidade colocam desafios significativos em termos de gestão e análise. A gestão eficaz de conjuntos de dados maciços é crucial por várias razões.

Em primeiro lugar, a gestão de conjuntos de dados maciços permite às organizações extrair informações valiosas e tomar decisões baseadas em dados. Ao organizar e processar grandes volumes de dados, as empresas podem identificar padrões, tendências e correlações que podem não ser evidentes com conjuntos de dados mais pequenos. Isto permite-lhes otimizar as operações, melhorar as experiências dos clientes e desenvolver produtos e serviços inovadores.

Em segundo lugar, a gestão adequada de conjuntos de dados maciços é essencial para garantir a segurança e a privacidade dos dados. Com a proliferação das ciberameaças, é fundamental proteger as informações sensíveis armazenadas em grandes conjuntos de dados. A implementação de medidas de segurança robustas, como a encriptação e os controlos de acesso, ajuda a proteger os dados contra o acesso não autorizado, as violações e os ataques maliciosos.

Em terceiro lugar, a gestão de conjuntos de dados maciços facilita o armazenamento e a recuperação eficientes da informação. A utilização de soluções de armazenamento escaláveis e de tecnologias de gestão de dados permite às organizações armazenar grandes quantidades de dados de forma rentável, garantindo simultaneamente um acesso rápido e fiável quando necessário. Isto permite uma integração perfeita dos dados em vários sistemas e aplicações, melhorando a eficiência operacional global.

Além disso, a gestão eficaz de conjuntos de dados maciços promove a colaboração e a partilha de conhecimentos. Ao centralizar os repositórios de dados e implementar ferramentas de colaboração, as organizações podem facilitar a investigação interdisciplinar, promover a inovação e acelerar as descobertas científicas. Esta abordagem colaborativa encoraja a partilha de dados entre investigadores, conduzindo a uma maior transparência e reprodutibilidade nos estudos científicos.

Além disso, a gestão de conjuntos de dados maciços é essencial para a conformidade com os requisitos regulamentares e as normas da indústria. Muitos sectores, como os cuidados de saúde, as finanças e as telecomunicações, estão sujeitos a regulamentos rigorosos de proteção de dados. A implementação de práticas sólidas de governação de dados e a adesão a estruturas de conformidade garantem que as organizações cumprem as obrigações legais e reduzem os riscos regulamentares associados ao tratamento de dados.

Além disso, a gestão de conjuntos de dados maciços permite que as organizações aproveitem o poder da análise avançada e dos algoritmos de aprendizagem automática. Ao processar grandes volumes de dados estruturados e não estruturados, as empresas podem treinar modelos preditivos, automatizar processos de tomada de decisões e obter vantagens competitivas nos respectivos sectores. Isto permite-lhes antecipar as tendências do mercado, identificar as preferências dos clientes e otimizar a atribuição de recursos.

Além disso, a gestão eficaz de conjuntos de dados maciços promove a inovação e o empreendedorismo baseados em dados. O acesso a grandes quantidades de dados alimenta o desenvolvimento de novas tecnologias, produtos e serviços que respondem a necessidades emergentes do mercado e a desafios sociais. As empresas em fase de arranque e as pequenas empresas podem tirar partido da análise de grandes volumes de dados para obter informações sobre o comportamento dos consumidores, visar nichos de mercado e expandir as suas operações de forma eficiente.

Em conclusão, a gestão de conjuntos de dados maciços é de extrema importância no nosso mundo orientado para os dados. Ao libertarem todo o potencial dos grandes volumes de dados, as organizações podem impulsionar a inovação, melhorar a tomada de decisões e criar valor para as partes interessadas. No entanto, a obtenção destes benefícios requer um planeamento cuidadoso, investimento em infra-estruturas e adesão às melhores práticas de gestão e governação de dados. Só gerindo eficazmente conjuntos de dados maciços é que as organizações podem aproveitar o poder dos dados para enfrentar desafios complexos e aproveitar novas oportunidades na era digital.

Conclusão

Em conclusão, a exploração do domínio da dinâmica do Big Data revela um cenário intrincado de oportunidades e desafios. Ao longo desta jornada, mergulhámos na própria essência do Big Data, entendendo-o não apenas como grandes quantidades de informação, mas como uma mudança de paradigma na forma como percebemos e utilizamos os dados. A evolução das tecnologias de Big Data tem sido revolucionária, transcendendo as fronteiras tradicionais e abrindo caminho para percepções e inovações sem precedentes.

No meio desta revolução tecnológica, a importância da gestão de conjuntos de dados maciços não pode ser sobrestimada. À medida que as organizações se debatem com o afluxo de dados, tornam-se imperativas estratégias de gestão eficazes para extrair um valor significativo. Da análise preditiva à tomada de decisões em tempo real, as implicações da gestão de Big Data vão muito além do mero armazenamento e processamento.

Além disso, o âmbito e os objectivos delineados neste livro servem como um roteiro para navegar nas complexidades da dinâmica dos Grandes Dados. Ao elucidar os principais conceitos e metodologias, o livro visa capacitar os leitores com os conhecimentos e ferramentas necessários para aproveitar o potencial dos Grandes Dados de forma eficaz. Desde a compreensão das estruturas de dados até à implementação de soluções escaláveis, cada capítulo contribui para uma compreensão abrangente deste domínio dinâmico.

Essencialmente, Introdução à Dinâmica de Grandes Dados serve como uma porta de entrada para um mundo de possibilidades. Ultrapassa as fronteiras disciplinares, servindo tanto os profissionais como os entusiastas que procuram desvendar os mistérios dos Grandes Dados. Ao concluirmos esta viagem introdutória, torna-se evidente que o panorama dos dados está em constante evolução, apresentando desafios e oportunidades a uma escala sem precedentes.

Face a este dinamismo, a adaptação torna-se fundamental. Ao adotar tecnologias e metodologias inovadoras, as organizações podem aproveitar o poder dos megadados para impulsionar mudanças transformadoras. No entanto, o sucesso neste empreendimento depende não só da proeza tecnológica, mas também de uma compreensão diferenciada das implicações socioeconómicas e éticas.

Em conclusão, a Introdução à Dinâmica de Grandes Dados marca o início de uma viagem transformadora. Convida-nos a aventurarmo-nos para além dos limites da sabedoria convencional, ousando explorar os territórios desconhecidos da inovação baseada em dados. Ao embarcarmos nesta odisseia, mantenhamo-nos vigilantes, pois a paisagem pode mudar, mas o nosso empenho em desbloquear o verdadeiro potencial dos Grandes Dados perdurará.

Capítulo 2. Fundamentos de Big Data

Introdução:

"Big Data" refere-se ao enorme volume de dados estruturados e não estruturados que inundam as empresas no dia a dia. Não se trata apenas do volume de dados, mas também da velocidade a que são gerados e da variedade de fontes de onde provêm. Compreender os fundamentos do Big Data é essencial para as organizações que pretendem tirar partido deste recurso para obter informações e tomar decisões estratégicas.

Em primeiro lugar, o Big Data é caracterizado pelos três Vs: volume, velocidade e variedade. O volume refere-se à quantidade total de dados gerados, que pode ir de terabytes a petabytes e muito mais. A velocidade destaca a rapidez com que estes dados são gerados, recolhidos e processados, muitas vezes em tempo real ou quase real. A variedade sublinha os diversos tipos de dados, incluindo dados estruturados de bases de dados, dados semi-estruturados, como ficheiros XML, e dados não estruturados, como documentos de texto, imagens e vídeos.

Para aproveitar eficazmente o Big Data, as organizações devem investir em infra-estruturas e tecnologias robustas capazes de armazenar, processar e analisar grandes conjuntos de dados de forma eficiente. Isto implica a utilização de estruturas de computação distribuída, como o Hadoop e o Apache Spark, que permitem o processamento paralelo em clusters de hardware de base para lidar com a escala e a complexidade dos grandes volumes de dados.

Além disso, a qualidade dos dados é fundamental no domínio dos grandes volumes de dados. A má qualidade dos dados pode levar a percepções imprecisas e a uma tomada de decisões incorrecta. Por conseguinte, as organizações devem implementar práticas de governação de dados para garantir a exatidão, consistência e fiabilidade dos dados ao longo do seu ciclo de vida - desde a aquisição e armazenamento até à análise e interpretação.

Além da qualidade dos dados, a segurança e a privacidade dos dados são considerações críticas no cenário do Big Data. Com grandes quantidades de informações sensíveis a serem recolhidas e analisadas, as organizações devem dar prioridade a medidas para proteger os dados contra violações, acesso não autorizado e utilização indevida, ao mesmo tempo que cumprem os requisitos de conformidade regulamentar, como o RGPD e a CCPA.

Um dos principais objectivos da utilização de Big Data é obter informações accionáveis que impulsionem o valor comercial e a inovação. As técnicas analíticas avançadas, incluindo a aprendizagem automática, a modelação preditiva e a extração de dados, permitem que as organizações descubram padrões, correlações e tendências ocultas nos seus dados, possibilitando a tomada de decisões informadas e o planeamento estratégico.

Além disso, o Big Data facilita uma abordagem mais personalizada e direccionada para o envolvimento e marketing do cliente. Ao analisar o comportamento, as preferências e o feedback dos clientes em vários canais, as organizações podem adaptar produtos, serviços e campanhas de marketing às necessidades e preferências individuais, aumentando a satisfação e a lealdade dos clientes.

Por último, o potencial transformador dos megadados ultrapassa o domínio empresarial, com aplicações em vários domínios, como os cuidados de saúde, os transportes e a monitorização ambiental. Ao tirar partido da análise de megadados, os investigadores e os decisores políticos podem obter informações sobre fenómenos complexos, informar a tomada de decisões com base em provas e enfrentar os desafios sociais de forma mais eficaz.

Em conclusão, compreender os fundamentos do Big Data é essencial para as organizações que pretendem libertar o seu potencial para impulsionar a inovação, obter vantagens competitivas e enfrentar desafios complexos. Ao aproveitar os três Vs - volume, velocidade e variedade - juntamente com uma infraestrutura robusta, qualidade dos dados, medidas de segurança e técnicas analíticas avançadas, as organizações podem obter informações accionáveis e criar valor a partir dos seus activos de dados.

2.1. Características dos grandes volumes de dados

Volume: Os grandes volumes de dados caracterizam-se pelo seu grande volume. As técnicas tradicionais de armazenamento e processamento de dados têm dificuldade em lidar com a enorme magnitude dos dados gerados diariamente. Este volume pode ir de terabytes a exabytes e muito mais, abrangendo várias fontes, como interacções nas redes sociais, dados de sensores, registos de transacções e muito mais. O desafio consiste em armazenar, gerir e analisar eficazmente conjuntos de dados tão vastos.

Velocidade: Os dados no domínio dos grandes volumes de dados são gerados a uma velocidade sem precedentes. Fluxos de dados fluem em tempo real ou quase em tempo real a partir de fontes como dispositivos IoT, feeds de redes sociais e transacções online. Este afluxo rápido exige sistemas capazes de processar e analisar os dados à medida que são gerados, permitindo percepções e acções atempadas. A velocidade é crucial para aplicações como a deteção de fraudes, a análise em tempo real e a fixação dinâmica de preços.

Variedade: Os grandes volumes de dados são inerentemente diversos, abrangendo tipos de dados estruturados, semi-estruturados e não estruturados. Os dados estruturados, como as bases de dados tradicionais, seguem um formato bem definido. Os dados semi-estruturados, como XML ou JSON, possuem algumas propriedades organizacionais, mas não possuem um esquema rigoroso. Os dados não estruturados, como texto, imagens e vídeos, não têm um modelo de dados predefinido. A gestão desta variedade requer estruturas de processamento de dados flexíveis, capazes de lidar com formatos de dados díspares.

Veracidade: A veracidade refere-se à qualidade e fiabilidade dos dados. As fontes de grandes volumes de dados contêm frequentemente ruído, inconsistências e erros, o que coloca desafios a uma análise e tomada de decisões exactas. Garantir a veracidade dos dados implica a implementação de processos sólidos de garantia da qualidade dos dados, técnicas de limpeza de dados e mecanismos de deteção de erros. Além disso, os métodos analíticos avançados, como a deteção de anomalias e a análise de valores atípicos, ajudam a identificar e a reduzir os dados não fiáveis.

Valor: O principal objetivo da análise de grandes volumes de dados é extrair informações accionáveis e valor dos dados. O valor engloba vários resultados, incluindo uma melhor tomada de decisões, uma maior eficiência operacional, experiências personalizadas dos clientes e inovação. Extrair valor dos grandes volumes de dados requer ferramentas analíticas, algoritmos e metodologias sofisticadas, adaptadas a casos de utilização e objectivos comerciais específicos.

Variabilidade: Os grandes volumes de dados apresentam variabilidade na sua estrutura, formato e fontes ao longo do tempo. As características dos dados podem evoluir de forma dinâmica, influenciadas por tendências sazonais, dinâmicas de mercado ou avanços tecnológicos. A análise e a adaptação a essa variabilidade requerem práticas ágeis de gestão de dados e abordagens analíticas adaptáveis. A infraestrutura escalável e os pipelines de processamento de dados flexíveis permitem às organizações lidar eficazmente com as flutuações no volume, velocidade e variedade dos dados.

Visibilidade: A visibilidade refere-se à acessibilidade e transparência dos dados numa organização. As iniciativas de Big Data envolvem frequentemente a integração de fontes de dados díspares de vários departamentos, sistemas e fontes externas. O estabelecimento de uma visão unificada dos dados promove a tomada de decisões orientada por dados, fomenta a colaboração e aumenta a agilidade organizacional. As estruturas de governação de dados e as ferramentas de catalogação de dados facilitam a descoberta de dados, o rastreio de linhagens e o controlo de acesso, garantindo a visibilidade dos dados e mantendo a segurança e a conformidade.

Volatilidade: Os ambientes de Big Data estão sujeitos a volatilidade, caracterizada por alterações nas fontes de dados, formatos e requisitos comerciais. Novas tecnologias, perturbações no mercado, alterações regulamentares e mudanças organizacionais podem introduzir volatilidade no cenário de dados. Para lidar com a volatilidade, as organizações devem adotar metodologias ágeis, abordagens de desenvolvimento iterativas e arquitecturas de infra-estruturas escaláveis. A monitorização, adaptação e otimização contínuas permitem às organizações navegar e aproveitar as oportunidades inerentes aos ambientes de dados voláteis.

Estas características definem coletivamente a natureza e os desafios dos megadados, moldando a forma como as organizações recolhem, processam, analisam e obtêm valor de conjuntos de dados maciços. A adoção destas características permite que as organizações aproveitem o potencial dos megadados e impulsionem a inovação, a eficiência e a competitividade na era digital.

2.2. Fontes de grandes volumes de dados

Internet e redes sociais: A Internet é um tesouro de dados, e as plataformas de redes sociais estão entre as fontes mais ricas. Os utilizadores geram grandes quantidades de dados através das suas interacções, publicações, gostos, partilhas e comentários, fornecendo informações sobre tendências, preferências e sentimentos.

Dispositivos IoT: A Internet das Coisas (IoT) engloba uma rede de dispositivos interligados que recolhem e trocam dados. Estes dispositivos incluem sensores incorporados em electrodomésticos, veículos, infra-estruturas e tecnologia wearable. Geram dados em tempo real sobre vários aspectos da vida quotidiana, desde métricas de saúde a condições ambientais.

Registos de transacções: Cada compra efectuada online ou offline deixa uma pegada digital. Os retalhistas, bancos e instituições financeiras recolhem dados sobre transacções, incluindo histórico de compras, métodos de pagamento e dados demográficos dos clientes. A análise destes dados pode revelar padrões de comportamento do consumidor e informar estratégias de negócio.

Dispositivos móveis: Os smartphones e tablets estão omnipresentes na sociedade moderna e geram constantemente dados através de aplicações, localização por GPS e actividades de comunicação. Os dados móveis incluem informações baseadas na localização, padrões de utilização de aplicações e preferências do utilizador, oferecendo informações valiosas sobre o comportamento do consumidor e as escolhas de estilo de vida.

Sensores e instrumentação: Várias indústrias utilizam sensores e instrumentação para monitorizar processos, equipamento e condições ambientais. Isto inclui sectores como a indústria transformadora, os cuidados de saúde, a agricultura e os transportes. Os dados dos sensores fornecem informações em tempo real, permitindo a tomada de decisões proactivas e a manutenção preditiva.

Dados do sector público: As agências governamentais recolhem e mantêm grandes quantidades de dados relacionados com a demografia, saúde pública, educação, transportes e muito mais. Estes dados são frequentemente disponibilizados a investigadores, empresas e ao público em geral para efeitos de análise e tomada de decisões.

Investigação e dados científicos: A investigação científica gera dados extensos através de experiências, simulações, observações e estudos. Áreas como a genómica, a astronomia, as ciências climáticas e a física de partículas produzem grandes conjuntos de dados que contribuem para a nossa compreensão do mundo e impulsionam a inovação em vários domínios.

Dados empresariais: As empresas acumulam dados de várias fontes internas, incluindo sistemas de gestão de relações com clientes (CRM), software de planeamento de recursos empresariais (ERP) e plataformas de gestão da cadeia de fornecimento. Estes dados englobam números de vendas, níveis de inventário, métricas de desempenho dos funcionários e muito mais, permitindo às organizações otimizar as operações e melhorar a eficiência.

Estas diversas fontes contribuem coletivamente para o vasto reservatório de grandes volumes de dados, que tem um enorme potencial para impulsionar a inovação, informar a tomada de decisões e enfrentar desafios complexos em todas as indústrias e sectores.

2.3. Desafios no tratamento de grandes volumes de dados

Lidar com grandes volumes de dados apresenta uma miríade de desafios que abrangem dimensões tecnológicas, organizacionais e éticas. Na sua essência, os grandes volumes de dados englobam grandes quantidades de informação gerada a uma velocidade sem precedentes, exigindo ferramentas e conhecimentos especializados para uma gestão eficaz. Um dos principais desafios reside no enorme volume de dados. Os métodos tradicionais de processamento de dados têm dificuldade em lidar com a escala maciça, exigindo o desenvolvimento de novas arquitecturas e algoritmos capazes de armazenamento, recuperação e análise eficientes.

Além disso, os grandes volumes de dados apresentam frequentemente uma elevada velocidade, chegando em tempo real de diversas fontes, como as redes sociais, os sensores e os dispositivos IoT. Esta velocidade introduz complexidades na ingestão, sincronização e processamento de dados, exigindo uma infraestrutura ágil e técnicas de processamento de fluxo para extrair informações atempadas. Para além do volume e da velocidade, a variedade de fontes de dados acrescenta outra camada de complexidade. O Big Data engloba dados estruturados, semi-estruturados e não estruturados de fontes diferentes, cada um exigindo métodos de tratamento e integração únicos. Garantir a qualidade e a consistência dos dados entre essas diversas fontes representa um desafio significativo, muitas vezes envolvendo limpeza de dados, normalização e gerenciamento de esquemas.

Além disso, os grandes volumes de dados colocam desafios em termos de veracidade e validade. Com a proliferação de fontes de dados, garantir a exatidão, a fiabilidade e a credibilidade dos dados torna-se cada vez mais difícil. Os dados podem ser incompletos, erróneos ou intencionalmente enganadores, conduzindo a análises tendenciosas e a conclusões erróneas se não forem tratados adequadamente. Além disso, é fundamental garantir a segurança e a privacidade dos dados, especialmente no caso de informações sensíveis, como dados pessoais ou proprietários. A proteção dos dados contra o acesso não autorizado, as violações e a utilização indevida exige uma encriptação robusta, controlos de acesso e medidas de conformidade para reduzir eficazmente os riscos.

Para além dos desafios técnicos, as barreiras organizacionais podem impedir a utilização eficaz dos grandes volumes de dados. Os dados isolados nas organizações dificultam frequentemente a colaboração e impedem a análise holística necessária para obter informações accionáveis. A eliminação destes silos e a promoção de uma cultura orientada para os dados requerem uma reestruturação organizacional, investimento em formação e promoção da colaboração interfuncional. Além disso, a escassez de profissionais qualificados em matéria de dados constitui um desafio significativo para o aproveitamento de todo o potencial dos megadados. A procura de cientistas, analistas e engenheiros de dados ultrapassa largamente a oferta atual, agravando a escassez de talentos e aumentando os custos para as organizações que procuram criar e manter as suas capacidades de megadados.

As considerações éticas complicam ainda mais o panorama dos grandes volumes de dados. A recolha e a análise de grandes quantidades de dados pessoais suscitam preocupações quanto à violação da privacidade, à vigilância e à discriminação. Equilibrar os benefícios das informações baseadas em dados com os direitos individuais e os valores sociais exige uma deliberação cuidadosa e a adesão a princípios éticos como a transparência, o consentimento e a responsabilidade. Além disso, os enviesamentos inerentes aos dados ou aos algoritmos utilizados para a análise podem perpetuar as desigualdades existentes e reforçar as práticas discriminatórias, salientando a importância da equidade e da atenuação dos enviesamentos na análise de grandes volumes de dados.

Em conclusão, embora os megadados ofereçam oportunidades sem precedentes para a inovação e a tomada de decisões, também apresentam desafios formidáveis que têm de ser enfrentados para concretizar todo o seu potencial. A superação destes desafios exige uma abordagem holística que englobe os avanços tecnológicos, a transformação organizacional e considerações éticas. Ao abordarem questões como a escalabilidade, a qualidade dos dados, o alinhamento organizacional, a escassez de talentos e as preocupações éticas, as organizações podem aproveitar o poder dos megadados para obter informações significativas e criar valor num mundo cada vez mais orientado para os dados.

Conclusão:

Em conclusão, os fundamentos do Big Data abrangem uma compreensão abrangente das suas características, fontes, desafios e oportunidades. Tal como foi explorado, as características dos Grandes Dados, incluindo o volume, a velocidade, a variedade, a veracidade e o valor, sublinham a imensa escala e a complexidade dos conjuntos de dados envolvidos. Estas características ditam a necessidade de ferramentas e técnicas especializadas para aproveitar eficazmente as potenciais percepções dos grandes volumes de dados.

Além disso, as diversas fontes de Big Data, que vão desde os dados estruturados e não estruturados gerados pelos meios de comunicação social, sensores, transacções, etc., realçam a paisagem expansiva a partir da qual podem ser recolhidas informações valiosas. No entanto, esta abundância de fontes de dados também apresenta desafios em termos de gestão de dados, integração e preocupações com a privacidade, exigindo quadros de governação robustos e considerações éticas.

Apesar destes desafios, as oportunidades e vantagens oferecidas pelo Big Data são substanciais. As organizações podem aproveitar a análise de Big Data para obter informações valiosas sobre o comportamento dos clientes, as tendências do mercado, as eficiências operacionais e muito mais, permitindo a tomada de decisões orientada por dados e a vantagem competitiva. Além disso, o advento de técnicas analíticas avançadas, como a aprendizagem automática e a inteligência artificial, melhora as capacidades de previsão da análise de megadados, abrindo novas possibilidades de inovação e otimização.

Além disso, a análise de Big Data pode facilitar mudanças transformadoras em vários sectores, incluindo os cuidados de saúde, as finanças, os transportes e outros, permitindo a medicina personalizada, a atenuação de riscos, a manutenção preditiva e iniciativas de cidades inteligentes. Ao aproveitar o poder do Big Data, as organizações podem impulsionar a inovação, aumentar a produtividade e criar um impacto social significativo.

No entanto, é essencial reconhecer que a realização de todo o potencial dos megadados exige a resolução de desafios actuais, como a privacidade dos dados, a segurança, a escalabilidade e a escassez de talentos. Além disso, as considerações éticas em torno da utilização de dados e dos preconceitos algorítmicos devem ser cuidadosamente navegadas para garantir uma implantação responsável e equitativa das tecnologias de megadados.

Na sua essência, os fundamentos do Big Data sublinham o seu potencial transformador e as suas profundas implicações para as empresas, os governos e a sociedade em geral. Ao adotar uma compreensão holística das suas características, fontes, desafios e oportunidades, as organizações podem desbloquear novos caminhos para o crescimento, a inovação e o avanço social na era dos dados. Assim, à medida que continuamos a navegar na paisagem em evolução dos Grandes Dados, é imperativo abordar a sua utilização com diligência, ética e um compromisso de aproveitar o seu poder para um bem maior.

Capítulo 3. Tecnologias para o tratamento de grandes volumes de dados

Introdução:

Na era digital, a proliferação de dados transformou-se numa faca de dois gumes. Por um lado, apresenta oportunidades inigualáveis para a obtenção de conhecimentos e inovação; por outro lado, a gestão deste dilúvio de informações coloca desafios significativos. No entanto, os avanços tecnológicos surgiram para responder a estes desafios, permitindo às organizações aproveitar eficazmente o poder dos grandes volumes de dados.

Em primeiro lugar, as tecnologias de armazenamento sofreram uma revolução, fornecendo soluções escaláveis e económicas para acomodar grandes quantidades de dados. Tecnologias como os sistemas de ficheiros distribuídos, como o Hadoop Distributed File System (HDFS) e o Amazon S3, permitem o armazenamento de petabytes de dados em vários nós, garantindo redundância e acessibilidade.

Em segundo lugar, os quadros de processamento evoluíram para lidar com as exigências computacionais da análise de conjuntos de dados maciços. O Apache Hadoop, o Apache Spark e outras estruturas de computação distribuída permitem o processamento paralelo de dados em clusters de máquinas, reduzindo significativamente o tempo de processamento e facilitando tarefas analíticas complexas.

Em terceiro lugar, as ferramentas de integração de dados tornaram-se indispensáveis para agregar e harmonizar dados de fontes díspares. As ferramentas de extração, transformação e carregamento (ETL) automatizam o processo de extração de dados de várias fontes, transformando-os num formato unificado e carregando-os numa base de dados de destino ou num armazém de dados.

Além disso, os algoritmos de aprendizagem automática e de inteligência artificial desempenham um papel crucial na extração de conhecimentos significativos dos grandes volumes de dados. Estes algoritmos podem analisar vastos conjuntos de dados para identificar padrões, tendências e anomalias, permitindo que as organizações tomem decisões baseadas em dados e obtenham uma vantagem competitiva.

Além disso, as tecnologias de processamento em tempo real permitem às organizações analisar fluxos de dados e responder a eventos instantaneamente. Tecnologias como o Apache Kafka e o Apache Flink facilitam o processamento de fluxos contínuos de dados, permitindo a monitorização, a análise e a ação em tempo real.

Além disso, a computação em nuvem democratizou o acesso às tecnologias de grandes volumes de dados, tornando-as acessíveis a organizações de todas as dimensões. As plataformas baseadas na nuvem, como o Amazon Web Services (AWS), o Microsoft Azure e o Google Cloud Platform (GCP), oferecem uma infraestrutura escalável e uma infinidade de serviços geridos para processamento e análise de grandes volumes de dados.

As tecnologias de segurança e privacidade também evoluíram para dar resposta às preocupações relacionadas com a proteção de dados sensíveis. A encriptação, os controlos de acesso e as técnicas de anonimização ajudam a proteger os dados contra o acesso não autorizado e a atenuar os riscos de privacidade associados à análise de grandes volumes de dados.

Por último, as ferramentas de visualização permitem que os intervenientes explorem e compreendam os dados de forma intuitiva através de tabelas, gráficos e dashboards interactivos. Ferramentas como o Tableau, o Power BI e o D3.js facilitam a visualização de dados, permitindo que os utilizadores descubram informações e comuniquem as conclusões de forma eficaz.

Em conclusão, o panorama das tecnologias de megadados continua a evoluir, impulsionado pelo crescente volume, variedade e velocidade dos dados gerados no mundo digital atual. Estas tecnologias fornecem às organizações as ferramentas e capacidades para armazenar, processar, analisar e extrair valor dos grandes volumes de dados, abrindo novas oportunidades de inovação e crescimento.

3.1. Tecnologias de armazenamento de dados

O tratamento de grandes volumes de dados exige tecnologias de armazenamento de dados robustas e escaláveis para gerir e processar eficazmente grandes quantidades de informação. Surgiram várias tecnologias para enfrentar os desafios de armazenar, aceder e analisar grandes volumes de dados de forma eficaz.

Uma das tecnologias fundamentais para o armazenamento de grandes volumes de dados são os sistemas de ficheiros distribuídos, como o Hadoop Distributed File System (HDFS). Estes sistemas permitem que os dados sejam distribuídos por vários servidores, proporcionando tolerância a falhas e escalabilidade. Ao dividir os dados em blocos mais pequenos e distribuí-los por um cluster de máquinas, os sistemas de ficheiros distribuídos garantem uma elevada disponibilidade e fiabilidade.

Juntamente com os sistemas de ficheiros distribuídos, as bases de dados NoSQL ganharam destaque pela sua capacidade de tratar dados não estruturados e semi-estruturados em escala. Ao contrário das bases de dados relacionais tradicionais, as bases de dados NoSQL oferecem flexibilidade na modelação de dados e escalabilidade horizontal, o que as torna adequadas para aplicações com esquemas de dados imprevisíveis e requisitos de elevado débito.

Outra tecnologia essencial para o armazenamento de grandes volumes de dados é o armazenamento de objectos, que organiza os dados como objectos em vez de ficheiros ou blocos. Os sistemas de armazenamento de objectos, como o Amazon S3 e o Azure Blob Storage, fornecem soluções de armazenamento altamente escaláveis e duradouras, ideais para armazenar grandes volumes de conteúdo multimédia, ficheiros de registo e dados de sensores.

Para otimizar a eficiência e o desempenho do armazenamento, as organizações utilizam frequentemente técnicas de compressão de dados. Os algoritmos de compressão reduzem o tamanho dos dados, permitindo que mais informações sejam armazenadas na mesma infraestrutura de armazenamento e melhorando as velocidades de transferência de dados. Além disso, a compressão ajuda a reduzir os custos de armazenamento e minimiza a utilização da largura de banda da rede.

Nos últimos anos, a adoção de serviços de armazenamento na nuvem disparou, oferecendo uma capacidade de armazenamento praticamente ilimitada a pedido. Os fornecedores de serviços na nuvem, como o Amazon Web Services (AWS), o Microsoft Azure e o Google Cloud Platform (GCP), oferecem uma gama de opções de armazenamento, incluindo armazenamento de objectos, armazenamento em bloco e armazenamento de ficheiros, com modelos de preços pay-as-you-go e escalabilidade incorporada.

Como os volumes de dados continuam a crescer exponencialmente, a classificação do armazenamento em camadas tornou-se essencial para otimizar os custos e o desempenho. A classificação do armazenamento em camadas envolve a categorização dos dados com base na sua frequência de acesso e a sua transferência para diferentes camadas de armazenamento em conformidade. Os dados quentes que requerem acesso frequente são armazenados no armazenamento de alto desempenho, enquanto os dados frios são arquivados em sistemas de armazenamento mais baratos e de nível inferior.

O surgimento do armazenamento definido por software (SDS) revolucionou a forma como as organizações gerem a sua infraestrutura de armazenamento. O SDS abstrai o hardware de armazenamento do software subjacente, permitindo maior flexibilidade, escalabilidade e automação. Ao dissociar a gestão do armazenamento do hardware proprietário, o SDS permite que as organizações implementem soluções de armazenamento que se alinham com as suas necessidades específicas e restrições orçamentais.

Por último, os avanços nas tecnologias de armazenamento flash, como as unidades de estado sólido (SSDs), melhoraram significativamente o desempenho e a fiabilidade dos sistemas de armazenamento. As SSDs oferecem velocidades de leitura/gravação mais rápidas, menor latência e maior durabilidade em comparação com as unidades de disco giratório tradicionais, tornando-as adequadas para lidar com cargas de trabalho de big data em ambientes de análise em tempo real e computação de alto desempenho.

Em conclusão, uma combinação de sistemas de ficheiros distribuídos, bases de dados NoSQL, armazenamento de objectos, técnicas de compressão, serviços de armazenamento na nuvem, armazenamento em camadas, armazenamento definido por software e tecnologias de armazenamento flash constituem a base das modernas soluções de armazenamento de grandes volumes de dados. Estas tecnologias permitem às organizações armazenar, gerir e analisar de forma eficiente grandes volumes de dados, revelando informações valiosas e impulsionando a inovação em todos os sectores.

3.2. Tecnologias de processamento de dados

No panorama atual das tecnologias da informação, a gestão e a análise de grandes quantidades de dados tornaram-se fundamentais. As tecnologias de tratamento de grandes volumes de dados surgiram como ferramentas essenciais para as organizações de vários sectores, permitindo-lhes extrair conhecimentos valiosos, tomar decisões informadas e obter uma vantagem competitiva nas respectivas indústrias. Entre estas tecnologias, o processamento de dados desempenha um papel fundamental, abrangendo uma série de métodos e ferramentas concebidos para manipular, organizar e analisar eficazmente grandes conjuntos de dados.

Uma das tecnologias fundamentais no processamento de dados é o processamento paralelo, que envolve a execução simultânea de várias tarefas em recursos de computação distribuídos. As estruturas de processamento paralelo, como o Apache Hadoop e o Apache Spark, revolucionaram a análise de grandes volumes de dados, permitindo o processamento escalável e tolerante a falhas de conjuntos de dados maciços em clusters de hardware de base. Estas estruturas aproveitam os sistemas de ficheiros distribuídos e os algoritmos de processamento paralelo para acelerar as tarefas de processamento de dados, tornando viável o tratamento de petabytes de dados com relativa facilidade.

Para além do processamento paralelo, as tecnologias de processamento de fluxos ganharam destaque nas aplicações de análise em tempo real. As estruturas de processamento de fluxo, como o Apache Kafka e o Apache Flink, permitem que as organizações processem e analisem fluxos de dados em tempo real, possibilitando insights oportunos e tomadas de decisão rápidas. Estas tecnologias são particularmente valiosas em cenários em que é necessária uma ação imediata com base nos dados recebidos, como a deteção de fraudes, a monitorização de dispositivos IoT e a personalização em tempo real no comércio eletrónico.

Outro aspeto crítico das tecnologias de processamento de dados é o aparecimento de soluções de computação na memória. Os sistemas tradicionais de armazenamento baseados em disco sofrem frequentemente de elevada latência no acesso aos dados, o que limita a velocidade das operações de processamento de dados. As tecnologias de computação na memória, como o Apache Ignite e o Redis, ultrapassam esta limitação armazenando os dados na RAM, reduzindo assim os tempos de acesso e permitindo um processamento mais rápido de grandes conjuntos de dados. Ao tirar partido da velocidade das arquitecturas centradas na memória, as organizações podem obter melhorias significativas no desempenho das tarefas de processamento de dados.

Além disso, os avanços na aprendizagem automática e na inteligência artificial catalisaram o desenvolvimento de tecnologias inteligentes de tratamento de dados. Estas incluem sistemas de computação cognitiva, algoritmos de processamento de linguagem natural (PNL) e estruturas de aprendizagem automática adaptadas às tarefas de processamento de dados. Ao aproveitar o poder da IA, as organizações podem automatizar os fluxos de trabalho de processamento de dados, descobrir padrões complexos nos dados e obter informações accionáveis em grande escala. Estas tecnologias estão a ser cada vez mais integradas nos pipelines de processamento de dados para aumentar a eficiência e a precisão.

Além disso, a contentorização e as arquitecturas de microsserviços transformaram a implementação e a gestão de aplicações de processamento de dados. As plataformas de orquestração de contentores, como o Kubernetes, permitem às organizações implementar, dimensionar e gerir cargas de trabalho de processamento de dados em ambientes híbridos e multi-nuvem sem problemas. Ao encapsular aplicações de processamento de dados em contentores leves, as organizações podem obter maior agilidade, escalabilidade e utilização de recursos, optimizando assim a eficiência da sua infraestrutura de processamento de dados.

A segurança e a privacidade também são considerações críticas nas tecnologias de processamento de dados. Com a proliferação de dados sensíveis e requisitos regulamentares rigorosos, as organizações têm de implementar medidas de segurança robustas para proteger os activos de dados ao longo do ciclo de vida do processamento. Tecnologias como a encriptação, os mecanismos de controlo de acesso e as técnicas de anonimização ajudam a proteger os dados contra o acesso não autorizado, assegurando a conformidade com os regulamentos de proteção de dados e atenuando o risco de violações de dados.

Em conclusão, as tecnologias de tratamento de grandes volumes de dados, nomeadamente as tecnologias de processamento de dados, tornaram-se ferramentas indispensáveis para as organizações que procuram aproveitar o poder dos dados para a tomada de decisões estratégicas e a inovação. Desde o processamento paralelo e o processamento de fluxo até à computação em memória e à análise baseada em IA, estas tecnologias permitem às organizações extrair conhecimentos accionáveis de conjuntos de dados maciços, impulsionar eficiências operacionais e desbloquear novas oportunidades de crescimento e vantagem competitiva. À medida que o volume, a velocidade e a variedade dos dados continuam a crescer, a evolução das tecnologias de processamento de dados continuará a ser fundamental para moldar o futuro das empresas orientadas para os dados.

3.3. Análise e visualização de dados

Na era digital atual, o crescimento exponencial dos dados levou ao aparecimento de tecnologias especificamente concebidas para lidar com grandes volumes de dados, análise de dados e visualização. Estas tecnologias desempenham um papel fundamental na extração de conhecimentos significativos de vastos conjuntos de dados, permitindo às empresas e organizações tomar decisões informadas e obter uma vantagem competitiva nos respectivos sectores.

Uma das tecnologias fundamentais para o tratamento de grandes volumes de dados são as estruturas de computação distribuída, como o Apache Hadoop e o Apache Spark. Estas estruturas permitem o processamento de grandes volumes de dados em clusters de computadores, possibilitando o processamento paralelo e distribuído para obter escalabilidade e desempenho. Ao dividir a carga de trabalho entre vários nós, estas estruturas podem tratar petabytes de dados de forma eficiente, tornando-as ferramentas indispensáveis para a análise de grandes volumes de dados.

Para além das estruturas de computação distribuída, os armazéns de dados e os lagos de dados servem como repositórios centrais para armazenar e gerir grandes quantidades de dados estruturados e não estruturados. Os armazéns de dados, como o Amazon Redshift e o Google BigQuery, são optimizados para a realização de consultas e análises complexas em dados estruturados, o que os torna ideais para fins de business intelligence e relatórios. Por outro lado, os lagos de dados, como o Apache Hadoop HDFS e o Amazon S3, fornecem armazenamento escalável para diversos tipos de dados, incluindo dados em bruto, registos e dados de sensores, permitindo às organizações armazenar dados no seu formato nativo e efetuar análises ad-hoc conforme necessário.

Para analisar e obter informações de grandes volumes de dados, são essenciais técnicas de análise avançadas, como a aprendizagem automática e a análise preditiva. Os algoritmos de aprendizagem automática, alimentados por estruturas como o TensorFlow e o scikit-learn, podem descobrir padrões e tendências em grandes conjuntos de dados, permitindo a modelação preditiva, a deteção de anomalias e o agrupamento. Estas técnicas permitem às organizações extrair informações valiosas dos seus dados, permitindo-lhes otimizar as operações, melhorar a tomada de decisões e melhorar as experiências dos clientes.

Além disso, as ferramentas de visualização de dados, como o Tableau, o Power BI e o D3.js, permitem aos utilizadores criar visualizações interactivas e intuitivas que transmitem informações complexas num formato digerível. Ao transformar dados em bruto em gráficos e dashboards apelativos, estas ferramentas facilitam a exploração e a comunicação dos dados, permitindo que as partes interessadas obtenham rapidamente informações accionáveis.

Nos últimos anos, os avanços na inteligência artificial (IA) e no processamento de linguagem natural (PNL) revolucionaram ainda mais o campo da análise de grandes volumes de dados. As plataformas analíticas alimentadas por IA, como o IBM Watson e o SAS Viya, utilizam algoritmos de aprendizagem automática e de PNL para automatizar tarefas de análise de dados, descobrir padrões ocultos e gerar recomendações accionáveis. Estas plataformas permitem às organizações simplificar os processos de tomada de decisão e acelerar a inovação, aproveitando o poder da IA para analisar grandes quantidades de dados à escala.

Além disso, as tecnologias de análise em tempo real permitem que as organizações processem e analisem os dados à medida que são gerados, possibilitando insights e acções imediatas. As estruturas de processamento de dados em fluxo contínuo, como o Apache Kafka e o Apache Flink, permitem às organizações ingerir, processar e analisar dados em tempo real, possibilitando casos de utilização como a deteção de fraudes, a análise IoT e a personalização em tempo real.

Em conclusão, as tecnologias para lidar com grandes volumes de dados, análise de dados e visualização são componentes essenciais das organizações modernas orientadas para os dados. Desde estruturas de computação distribuída e armazéns de dados a algoritmos de aprendizagem automática e análises em tempo real, estas tecnologias permitem que as organizações libertem todo o potencial dos seus dados, impulsionando a inovação, a eficiência e a vantagem competitiva no atual panorama digital.

Conclusão:

Em conclusão, o domínio das tecnologias de tratamento de grandes volumes de dados evoluiu significativamente, apresentando uma infraestrutura robusta para gerir os grandes volumes de informação gerados diariamente. Através da exploração de várias tecnologias de armazenamento de dados, como o Hadoop Distributed File System (HDFS) e as bases de dados NoSQL, as organizações ganharam a capacidade de armazenar conjuntos de dados maciços de forma eficiente e fiável. O HDFS, com a sua arquitetura distribuída, garante a tolerância a falhas e a escalabilidade, tornando-o uma pedra angular para o armazenamento de dados em grande escala. Entretanto, a flexibilidade e a escalabilidade oferecidas pelas bases de dados NoSQL permitem a utilização de diversos tipos e formatos de dados, acomodando a natureza dinâmica dos grandes volumes de dados.

Complementando o armazenamento de dados, tecnologias de processamento de dados como MapReduce e Spark revolucionaram a forma como as organizações lidam com tarefas de processamento de dados em escala. O MapReduce foi pioneiro no paradigma de processamento paralelo, permitindo a computação distribuída em clusters de máquinas, enquanto as capacidades de processamento na memória do Spark aceleraram as velocidades de processamento de dados, tornando viável a análise em tempo real. Estas tecnologias permitem às organizações extrair informações valiosas de vastos conjuntos de dados em tempo útil, facilitando a tomada de decisões informadas e melhorando a eficiência operacional.

Além disso, o panorama da análise de grandes volumes de dados é enriquecido por ferramentas sofisticadas de análise e visualização de dados. O Apache Hive e o Apache Pig simplificam o processo de consulta e análise de grandes conjuntos de dados armazenados no Hadoop, oferecendo uma interface familiar do tipo SQL e funcionalidades de manipulação de dados. Estas ferramentas simplificam as complexidades da análise de grandes volumes de dados, permitindo que os cientistas e analistas de dados obtenham informações accionáveis de forma eficaz. Além disso, as plataformas de visualização como o Tableau fornecem interfaces intuitivas para a criação de representações interactivas e visualmente atraentes dos dados, facilitando uma compreensão e interpretação mais profundas de conjuntos de dados complexos.

Essencialmente, as tecnologias de tratamento de grandes volumes de dados deram início a uma nova era de tomada de decisões orientada por dados, permitindo que as organizações aproveitem todo o potencial dos seus activos de dados. Ao tirar partido de ferramentas avançadas de armazenamento, processamento e análise, as empresas podem desbloquear conhecimentos valiosos, impulsionar a inovação e obter uma vantagem competitiva no atual cenário orientado para os dados. À medida que o volume e a complexidade dos dados continuam a crescer, a evolução destas tecnologias desempenhará um papel fundamental na definição do futuro da gestão e análise de dados, permitindo que as organizações prosperem num mundo cada vez mais centrado nos dados.

Capítulo 4. Desafios na gestão de conjuntos de dados maciços

Introdução:

A gestão de conjuntos de dados maciços apresenta uma miríade de desafios, decorrentes do enorme volume, velocidade, variedade e veracidade dos dados. Um desafio significativo reside na infraestrutura de armazenamento. O armazenamento de conjuntos de dados maciços exige soluções de armazenamento robustas, escaláveis e económicas, capazes de lidar com petabytes ou mesmo exabytes de dados. Os sistemas de armazenamento tradicionais podem ter dificuldade em lidar com esses volumes de forma eficiente, o que exige a adoção de arquitecturas de armazenamento distribuído como o Hadoop Distributed File System (HDFS) ou soluções de armazenamento baseadas na nuvem, como o Amazon S3 ou o Google Cloud Storage.

Outro desafio é a ingestão e o processamento de dados. Com o fluxo de dados de várias fontes a grande velocidade, torna-se crucial conceber condutas de ingestão de dados eficientes, capazes de lidar com fluxos de dados em tempo real ou quase real. Além disso, o processamento de quantidades tão grandes de dados requer estruturas de computação distribuída como o Apache Spark ou o Apache Flink, que podem paralelizar cálculos em clusters de máquinas para um processamento mais rápido.

Garantir a qualidade e a integridade dos dados constitui mais um obstáculo. Os conjuntos de dados maciços sofrem frequentemente de problemas como a incompletude, a inconsistência e a imprecisão. As técnicas de limpeza e pré-processamento de dados são essenciais para enfrentar estes desafios, mas podem ser complexas e demoradas, especialmente quando se trata de dados heterogéneos provenientes de diversas fontes.

A segurança e a privacidade dos dados constituem preocupações significativas aquando da gestão de conjuntos de dados maciços. Com grandes volumes de informações confidenciais, há um risco maior de violações de dados, acesso não autorizado e violações de conformidade. A implementação de encriptação robusta, controlos de acesso e medidas de conformidade é vital para salvaguardar a integridade dos dados e proteger a privacidade do utilizador.

A escalabilidade é um desafio fundamental na gestão de conjuntos de dados maciços. À medida que os volumes de dados crescem exponencialmente, torna-se imperativo escalar os recursos computacionais e de armazenamento sem problemas para acomodar as exigências crescentes. Os problemas de escalabilidade podem surgir tanto na infraestrutura de hardware como nas aplicações de software, exigindo considerações cuidadosas de conceção e arquitetura para garantir uma escalabilidade sem problemas.

Os problemas de interoperabilidade e compatibilidade também surgem quando se lida com conjuntos de dados maciços. A integração de dados de fontes díspares com diferentes formatos, esquemas e protocolos pode ser um desafio. As ferramentas e normas de integração de dados, como o Apache NiFi ou os processos de extração, transformação e carregamento (ETL), desempenham um papel crucial na harmonização e consolidação de diversos conjuntos de dados para uma análise e tomada de decisões unificadas.

Outro desafio reside na governação e conformidade dos dados. A gestão das permissões de acesso, a garantia da conformidade regulamentar e a manutenção da linhagem e proveniência dos dados tornam-se cada vez mais complexas à medida que os conjuntos de dados aumentam de dimensão e diversidade. O estabelecimento de políticas de governação claras e a implementação de sistemas robustos de gestão de metadados são essenciais para manter a integridade dos dados e a conformidade com os requisitos legais e regulamentares.

Por último, o desafio de extrair informações significativas de conjuntos de dados maciços não pode ser subestimado. A análise de grandes volumes de dados para descobrir informações accionáveis exige técnicas sofisticadas de análise de dados, incluindo a aprendizagem automática, a extração de dados e a análise preditiva. Além disso, a visualização e a interpretação dos resultados dessas análises de uma forma significativa colocam desafios adicionais, exigindo a utilização de ferramentas e técnicas de visualização avançadas.

Em conclusão, a gestão de conjuntos de dados maciços apresenta desafios multifacetados em vários aspectos do armazenamento, processamento, qualidade, segurança, escalabilidade, interoperabilidade, governação e análise de dados. Para responder a estes desafios, é necessária uma abordagem holística que englobe a inovação tecnológica, a preparação organizacional e o planeamento estratégico, a fim de libertar todo o potencial dos grandes volumes de dados para impulsionar a tomada de decisões informadas e a inovação.

4.1. Questões de escalabilidade

A gestão de conjuntos de dados maciços apresenta uma infinidade de desafios, sendo a escalabilidade um dos principais. À medida que os conjuntos de dados crescem exponencialmente em tamanho e complexidade, os métodos tradicionais de armazenamento, processamento e análise lutam frequentemente para acompanhar o ritmo. Um dos principais problemas de escalabilidade é o grande volume de dados. À medida que os conjuntos de dados atingem escalas de petabytes e mesmo de exabytes, torna-se cada vez mais difícil armazenar, gerir e recuperar dados de forma eficiente.

Outro desafio é a escalabilidade da capacidade de processamento. A análise de conjuntos de dados maciços requer recursos computacionais significativos, incluindo potência da CPU, memória e largura de banda de armazenamento. Aumentar estes recursos para lidar com conjuntos de dados maiores pode ser proibitivamente dispendioso e pode nem sempre ser viável devido a limitações físicas.

Além disso, existem desafios relacionados com a integração e a interoperabilidade dos dados. Os conjuntos de dados maciços provêm frequentemente de fontes díspares e em formatos diferentes, o que torna difícil a sua integração e análise coesa. Garantir a compatibilidade e a consistência entre diversos conjuntos de dados pode constituir um obstáculo significativo à escalabilidade.

Os problemas de escalabilidade estendem-se também ao acesso e recuperação de dados. medida que os conjuntos de dados aumentam, o acesso a subconjuntos específicos de dados num período de tempo razoável torna-se cada vez mais difícil. Os sistemas de bases de dados tradicionais podem ter dificuldades com o desempenho das consultas, conduzindo a atrasos e ineficiências na recuperação de dados.

Além disso, os desafios da escalabilidade abrangem a segurança dos dados e as preocupações com a privacidade. À medida que os conjuntos de dados se expandem, aumenta também o risco potencial de violações de dados e de acesso não autorizado. A implementação de medidas de segurança robustas para proteger informações sensíveis em escala é crucial, mas inerentemente complexa.

Outro aspeto é a escalabilidade dos algoritmos e técnicas de processamento de dados. Muitos algoritmos convencionais podem não estar optimizados para tratar eficazmente conjuntos de dados maciços. O desenvolvimento de algoritmos escaláveis que possam processar dados em paralelo e distribuir tarefas computacionais por vários nós é essencial para uma escalabilidade efectiva.

Além disso, existem desafios relacionados com a governação e a conformidade dos dados. Gerir grandes volumes de dados e, ao mesmo tempo, garantir a conformidade regulamentar e a adesão às políticas de governação de dados pode ser assustador. A manutenção da qualidade, integridade e consistência dos dados torna-se cada vez mais difícil à medida que os conjuntos de dados aumentam.

Por último, os desafios organizacionais representam um obstáculo significativo na gestão de conjuntos de dados maciços. Coordenar esforços entre equipas, alinhar estratégias e garantir a disponibilidade de recursos e conhecimentos adequados pode ser difícil, especialmente em grandes empresas ou ambientes com vários intervenientes.

Em conclusão, a gestão de conjuntos de dados maciços apresenta inúmeros desafios de escalabilidade em várias dimensões, incluindo o volume de dados, a capacidade de processamento, a integração, o acesso, a segurança, a otimização de algoritmos, a governação e a coordenação organizacional. A resposta a estes desafios exige uma combinação de inovação tecnológica, planeamento estratégico e colaboração interdisciplinar para garantir a utilização eficaz dos activos de dados em grande escala.

4.2. Preocupações com a segurança e a privacidade dos dados

A gestão de grandes conjuntos de dados acarreta uma série de desafios, sendo os principais a segurança dos dados e as preocupações com a privacidade. No mundo interligado de hoje, onde as violações de dados e de privacidade não são raras, a proteção de informações sensíveis em vastos conjuntos de dados representa uma tarefa formidável.

Um dos principais desafios na gestão de conjuntos de dados maciços é garantir medidas robustas de segurança de dados. Com o enorme volume de dados envolvido, há mais oportunidades de acesso não autorizado, ataques maliciosos e violações de dados. A proteção dos dados contra ameaças externas, como hackers, malware e ciberataques, requer técnicas de encriptação sofisticadas, controlos de acesso e monitorização constante.

Além disso, a manutenção da privacidade dos dados é outro aspeto crítico. medida que os conjuntos de dados aumentam, aumenta também o risco de expor inadvertidamente informações pessoais sensíveis. Encontrar um equilíbrio entre a utilidade e a privacidade dos dados torna-se cada vez mais complexo. Técnicas como a anonimização de dados e a privacidade diferencial são utilizadas para mitigar estes riscos, mas não são infalíveis e exigem uma implementação cuidadosa.

Além disso, a conformidade com regulamentos e normas acrescenta outra camada de complexidade. Dependendo da natureza dos dados e das jurisdições envolvidas, as organizações devem aderir a várias estruturas legais, como o GDPR, HIPAA ou CCPA. Garantir a conformidade ao mesmo tempo que se gerem conjuntos de dados maciços requer um conhecimento profundo do panorama regulamentar e esforços contínuos para se manter atualizado com as leis em evolução.

Além disso, a escala dos conjuntos de dados maciços coloca desafios em termos de armazenamento e processamento de dados. Os sistemas de bases de dados tradicionais podem ter dificuldade em lidar com esses volumes de forma eficiente, o que leva a problemas de desempenho e de escalabilidade. A adoção de estruturas de computação distribuída como o Hadoop e o Spark torna-se necessária para processar e analisar dados em paralelo em vários nós.

Além disso, a qualidade e a integridade dos dados tornam-se cada vez mais difíceis de manter à medida que os conjuntos de dados aumentam de dimensão. Com inúmeras fontes a contribuir para o conjunto de dados, garantir a consistência, a exatidão e a exaustividade torna-se uma tarefa difícil. A implementação de práticas de governação de dados e o estabelecimento de normas claras de qualidade dos dados são essenciais para enfrentar eficazmente estes desafios.

Outro desafio significativo é o custo associado à gestão de conjuntos de dados maciços. O armazenamento, o processamento e a proteção de grandes quantidades de dados exigem investimentos substanciais em infra-estruturas, software e pessoal. As organizações devem equilibrar cuidadosamente os custos com os potenciais benefícios e dar prioridade aos investimentos com base no valor derivado dos dados.

Além disso, garantir a interoperabilidade e a compatibilidade entre conjuntos de dados díspares acrescenta outro nível de complexidade. A integração de dados de várias fontes, mantendo a consistência e a coerência, requer formatos, protocolos e práticas de gestão de dados normalizados. A falta de interoperabilidade pode dificultar a partilha de dados e a colaboração, limitando a utilidade de conjuntos de dados maciços.

Por último, a gestão do elemento humano no tratamento de conjuntos de dados maciços apresenta o seu próprio conjunto de desafios. A governação dos dados, os protocolos de segurança e as políticas de privacidade devem ser comunicados de forma eficaz a toda a organização para garantir a conformidade e reduzir os riscos. Além disso, a promoção de uma cultura de gestão e responsabilização de dados é crucial para incutir práticas de dados responsáveis e atenuar as ameaças internas.

Em conclusão, a gestão de conjuntos de dados maciços coloca desafios multifacetados, com a segurança dos dados e as preocupações com a privacidade na linha da frente. A resposta a estes desafios exige uma abordagem abrangente que inclua soluções tecnológicas, conformidade regulamentar, práticas de governação de dados e cultura organizacional. Ao enfrentar estes desafios de forma proactiva, as organizações podem aproveitar todo o potencial dos conjuntos de dados maciços e, ao mesmo tempo, mitigar os riscos associados.

4.3. Tecnologias de integração e qualidade dos dados

A gestão de conjuntos de dados maciços coloca desafios significativos, com a qualidade dos dados e as tecnologias de integração a destacarem-se como obstáculos cruciais. Em primeiro lugar, garantir a qualidade dos dados à escala é assustador. Os grandes conjuntos de dados são inerentemente propensos a erros, inconsistências e incompletude, o que pode comprometer a fiabilidade e a exatidão das análises e das decisões nelas baseadas. A manutenção da qualidade dos dados exige mecanismos robustos de validação, limpeza e enriquecimento dos dados, exigindo frequentemente recursos computacionais e conhecimentos especializados substanciais.

Em segundo lugar, a integração de diversos conjuntos de dados provenientes de várias fontes aumenta a complexidade. Os conjuntos de dados maciços têm frequentemente origem em sistemas, formatos e normas díspares, o que torna a integração perfeita uma tarefa formidável. A integração de dados envolve a reconciliação das diferenças de esquema, a resolução de conflitos e o estabelecimento de relações coerentes entre conjuntos de dados heterogéneos. Este processo requer ferramentas e técnicas sofisticadas, como o mapeamento, a transformação e a ligação de dados, para alcançar a harmonização e a interoperabilidade em todo o ecossistema do conjunto de dados.

Além disso, a escalabilidade representa um desafio significativo na gestão de conjuntos de dados maciços. As abordagens tradicionais de gestão de dados podem ter dificuldade em lidar com o enorme volume, a velocidade e a variedade dos grandes volumes de dados. As preocupações com a escalabilidade surgem não só em termos de capacidade de armazenamento, mas também no processamento, análise e acesso aos dados. A implementação de arquitecturas escaláveis e de paradigmas de computação distribuída torna-se imperativa para tratar eficazmente a escala cada vez maior de dados.

As preocupações com a segurança e a privacidade acrescentam outra camada de complexidade à gestão de conjuntos de dados maciços. À medida que a dimensão dos conjuntos de dados aumenta, também aumentam os riscos associados ao acesso não autorizado, às violações de dados e às violações de privacidade. A proteção de informações sensíveis requer encriptação robusta, controlos de acesso e medidas de conformidade para mitigar eficazmente as ameaças à segurança e os riscos regulamentares.

Além disso, garantir a governação e a conformidade dos dados torna-se cada vez mais difícil com conjuntos de dados maciços. Gerir a linhagem de dados, o controlo de versões e as pistas de auditoria num panorama de conjuntos de dados vasto e dinâmico exige estruturas e políticas de governação abrangentes. A conformidade com regulamentos como o GDPR, HIPAA ou CCPA complica ainda mais a gestão de dados, exigindo uma atenção meticulosa às práticas de tratamento de dados e aos requisitos legais.

Os problemas de interoperabilidade e normalização também impedem a gestão eficaz de conjuntos de dados maciços. A falta de formatos, protocolos e semânticas normalizados impede a partilha de dados e a interoperabilidade entre diferentes sistemas e organizações. O estabelecimento de modelos de dados, vocabulários e ontologias comuns é essencial para facilitar a troca de dados e a colaboração em ambientes de dados em grande escala.

Além disso, a rápida evolução das tecnologias agrava os desafios na gestão de conjuntos de dados maciços. Acompanhar o ritmo dos avanços nas tecnologias de armazenamento, processamento e análise exige inovação e investimento contínuos. A adaptação a novos paradigmas, como a computação em nuvem, a computação periférica e a aprendizagem automática, implica não só conhecimentos técnicos, mas também agilidade organizacional e planeamento estratégico.

Por último, a abordagem do fator humano representa um desafio significativo na gestão de conjuntos de dados maciços. Os profissionais de dados qualificados, capazes de lidar eficazmente com os grandes volumes de dados, são muito procurados mas escassos. O recrutamento, a formação e a retenção de talentos proficientes em gestão, análise e visualização de dados continuam a ser desafios permanentes para as organizações que procuram aproveitar todo o potencial dos seus enormes conjuntos de dados.

Em conclusão, a gestão de conjuntos de dados maciços implica navegar por uma miríade de desafios, desde garantir a qualidade e a integração dos dados até abordar a escalabilidade, a segurança, a governação, a interoperabilidade, a evolução tecnológica e a aquisição de talentos. Ultrapassar estes desafios exige uma abordagem multidisciplinar, combinando conhecimentos técnicos, capacidades organizacionais e previsão estratégica para desbloquear o valor escondido no vasto mar de dados.

Conclusão:

Em conclusão, a gestão de conjuntos de dados maciços apresenta uma série de desafios que exigem soluções inovadoras e estratégias proactivas. A escalabilidade surge como uma preocupação fundamental, uma vez que o crescimento exponencial dos dados exige sistemas e infra-estruturas capazes de acomodar e processar grandes quantidades de informação de forma eficiente. Para resolver os problemas de escalabilidade, é necessário investir em arquitecturas escaláveis, estruturas de computação distribuída e técnicas de otimização para garantir um desempenho perfeito, mesmo quando os volumes de dados aumentam.

Além disso, as preocupações com a segurança e a privacidade dos dados são importantes na gestão de conjuntos de dados maciços. Com a crescente prevalência de ameaças cibernéticas e regulamentos rigorosos de proteção de dados, as organizações têm de dar prioridade a medidas de segurança robustas para salvaguardar informações sensíveis. Isto implica a implementação de protocolos de encriptação, controlos de acesso e quadros de governação de dados abrangentes para mitigar os riscos e manter as normas de privacidade.

Além disso, a qualidade e a integração dos dados apresentam desafios formidáveis, uma vez que os conjuntos de dados díspares apresentam frequentemente inconsistências, redundâncias e formatos incompatíveis. Para ultrapassar estes desafios, são necessários esforços concertados para normalizar os formatos dos dados, estabelecer métricas de qualidade dos dados e implementar tecnologias de integração avançadas, tais como processos ETL (Extract, Transform, Load) e soluções de virtualização de dados. Ao garantir a exatidão, a consistência e a interoperabilidade dos dados, as organizações podem obter informações accionáveis e desbloquear todo o potencial dos seus conjuntos de dados.

Além disso, a conformidade regulamentar surge como uma consideração crítica na gestão de conjuntos de dados maciços, particularmente em sectores altamente regulamentados, como os cuidados de saúde, as finanças e as telecomunicações. A navegação em quadros regulamentares complexos exige um conhecimento profundo dos requisitos de conformidade e a implementação de mecanismos de governação sólidos para garantir a adesão às normas legais e industriais. Isto implica a realização de auditorias regulares, a manutenção de documentação exaustiva e a promoção de uma cultura de conformidade em toda a organização.

Em conclusão, a gestão de conjuntos de dados maciços apresenta desafios multifacetados que abrangem a escalabilidade, a segurança, a qualidade e a conformidade. A resolução destes desafios exige uma abordagem holística que integre a inovação tecnológica, a adesão à regulamentação e a preparação organizacional. Ao adotar tecnologias emergentes, como a computação em nuvem, a inteligência artificial e a cadeia de blocos, as organizações podem simplificar os processos de gestão de dados e desbloquear novas oportunidades de inovação e crescimento. Além disso, a promoção de uma cultura de gestão e responsabilização de dados é fundamental para promover práticas de dados responsáveis e criar confiança entre as partes interessadas. Perante a evolução dos desafios, as organizações devem permanecer ágeis, adaptáveis e proactivas na sua abordagem à gestão de conjuntos de dados maciços para se manterem competitivas no atual cenário orientado por dados.

Capítulo 5. Estratégias para uma gestão eficaz dos dados

Introdução:

A gestão eficaz de dados é essencial para as organizações prosperarem no panorama digital moderno. Com o crescimento exponencial dos dados, as empresas têm de implementar estratégias sólidas para organizar, proteger e tirar partido dos seus activos de dados de forma eficiente. Aqui estão oito estratégias para uma gestão de dados eficaz:

Comece por estabelecer objectivos claros para a gestão de dados. Identifique as metas e os resultados específicos que pretende alcançar através dos esforços de gestão de dados. Quer se trate de melhorar os processos de tomada de decisão, reforçar a segurança dos dados ou otimizar a eficiência operacional, a definição de objectivos fornece um roteiro para a sua estratégia de gestão de dados.

Implementar uma estrutura de governação de dados abrangente que defina políticas, procedimentos e responsabilidades para a gestão de dados em toda a organização. Esta estrutura garante a consistência, a conformidade com os regulamentos e a responsabilidade nas práticas de gestão de dados. Define funções como os administradores de dados, que são responsáveis pela qualidade e integridade dos dados, e estabelece processos para acesso aos dados, utilização e gestão do ciclo de vida.

Dar prioridade às medidas de garantia da qualidade dos dados para manter dados exactos, fiáveis e coerentes. Estabelecer normas de qualidade dos dados e processos de validação para identificar e retificar erros, inconsistências e duplicações nos conjuntos de dados. As auditorias regulares dos dados e os controlos de qualidade ajudam a garantir que os dados permanecem fiáveis para efeitos de tomada de decisões e análise.

Implementar medidas robustas de segurança de dados para proteger informações sensíveis contra acesso não autorizado, violações e ciberameaças. Isto inclui encriptação, controlos de acesso, mecanismos de autenticação e avaliações de segurança regulares para identificar e resolver vulnerabilidades. A conformidade com os regulamentos de proteção de dados, como o GDPR, HIPAA ou CCPA, é crucial para salvaguardar a privacidade do cliente e manter a conformidade legal.

Permitir a integração e interoperabilidade de dados entre sistemas e fontes díspares dentro da organização. Implementar tecnologias e plataformas de integração de dados que facilitem o intercâmbio, a transformação e a sincronização de dados de várias fontes. Isto garante a consistência, precisão e acessibilidade dos dados para fins de análise, elaboração de relatórios e tomada de decisões.

Investir em infra-estruturas e tecnologias escaláveis capazes de lidar com o volume, a velocidade e a variedade de dados gerados pela organização. As soluções baseadas na nuvem, as bases de dados distribuídas e as plataformas de megadados proporcionam escalabilidade, flexibilidade e rentabilidade para a gestão de conjuntos de dados grandes e complexos. A infraestrutura escalável garante que as capacidades de gestão de dados podem adaptar-se à evolução das necessidades e do crescimento da empresa.

Desenvolver uma abordagem estruturada para a gestão do ciclo de vida dos dados que inclua a aquisição, armazenamento, processamento, análise, arquivo e eliminação de dados. Definir políticas e procedimentos para gerir os dados ao longo do seu ciclo de vida, incluindo períodos de retenção, estratégias de arquivo e métodos de eliminação. Isso garante o uso eficiente dos recursos de armazenamento, a conformidade com os requisitos regulamentares e minimiza o risco de violações de dados ou acesso não autorizado a dados obsoletos.

Adotar uma cultura de melhoria e adaptação contínuas nas práticas de gestão de dados. Avaliar regularmente a eficácia das estratégias, tecnologias e processos existentes e identificar áreas para melhoria ou otimização. Manter-se informado sobre as tendências emergentes, as tecnologias e as melhores práticas de gestão de dados para se manter ágil e responder à evolução dos requisitos comerciais e regulamentares.

Ao implementar estas estratégias, as organizações podem estabelecer uma base sólida para uma gestão de dados eficaz, permitindo-lhes aproveitar todo o potencial dos seus activos de dados para impulsionar a inovação, a eficiência e a vantagem competitiva.

5.1. Aquisição e ingestão de dados

A aquisição e a ingestão de dados desempenham papéis fundamentais no domínio da ciência e da análise de dados, servindo como etapas fundamentais no ciclo de vida dos dados. A aquisição de dados refere-se ao processo de recolha de dados em bruto de várias fontes, enquanto a ingestão de dados envolve a transferência e o armazenamento desses dados num sistema onde podem ser processados e analisados. Em conjunto, constituem as fases iniciais cruciais para aproveitar o poder dos dados para obter informações e tomar decisões.

No panorama digital moderno, os dados são gerados a um ritmo sem precedentes e em grandes quantidades. Desde sensores e dispositivos IoT a feeds de redes sociais e bases de dados transaccionais, os dados chegam de diversas fontes e em formatos heterogéneos. A aquisição de dados envolve a identificação de fontes relevantes, a extração de dados e a garantia da sua qualidade e integridade. Isto pode implicar o fluxo de dados em tempo real ou o processamento periódico em lote, consoante a natureza dos dados e os requisitos da aplicação.

Depois de adquiridos, os dados têm de ser ingeridos num sistema de armazenamento ou num armazém de dados, onde possam ser acedidos e analisados de forma eficiente. A ingestão de dados envolve a transformação e normalização dos dados para os tornar consistentes e compatíveis com o sistema de destino. Este processo pode também envolver a limpeza e o enriquecimento dos dados para melhorar a sua qualidade e utilidade para efeitos de análise. Além disso, devem ser tidas em conta considerações como a escalabilidade, a tolerância a falhas e a governação dos dados, para garantir uma ingestão sem problemas e fiável.

Estão disponíveis várias tecnologias e ferramentas para a aquisição e ingestão de dados, desde os tradicionais processos de extração-transformação-carregamento (ETL) até às modernas estruturas de processamento de fluxos e plataformas de integração de dados. Estas tecnologias oferecem capacidades para lidar com diferentes tipos de fontes de dados, gerir fluxos de dados e automatizar tarefas repetitivas. As soluções baseadas na nuvem ganharam proeminência pela sua escalabilidade, flexibilidade e eficácia de custos no tratamento de tarefas de ingestão de dados em grande escala.

A aquisição e a ingestão eficazes de dados estabelecem as bases para a análise a jusante e a geração de informações. Ao recolher e organizar os dados de uma forma estruturada, as organizações podem obter informações valiosas, identificar padrões e tomar decisões informadas. Além disso, a ingestão de dados atempada e exacta permite a análise em tempo real, permitindo às empresas responder rapidamente às mudanças nas condições do mercado e às preferências dos clientes.

No entanto, desafios como silos de dados, problemas de interoperabilidade e preocupações com a qualidade dos dados podem impedir o processo de aquisição e ingestão de dados. As organizações devem adotar estratégias sólidas de gestão de dados e empregar tecnologias que facilitem a integração e a governação de dados sem descontinuidades. Além disso, é essencial garantir a conformidade com os requisitos regulamentares, como o RGPD e a CCPA, para proteger a privacidade e a segurança dos dados.

Em conclusão, a aquisição e a ingestão de dados constituem a pedra angular da tomada de decisões baseada em dados, permitindo que as organizações aproveitem todo o potencial dos seus activos de dados. Ao implementar processos eficientes de aquisição e ingestão de dados, as organizações podem simplificar os fluxos de dados, melhorar a qualidade dos dados e obter informações accionáveis que impulsionam o sucesso empresarial no mundo atual orientado para os dados.

5.2. Armazenamento e recuperação de dados

O armazenamento e a recuperação de dados são a espinha dorsal dos modernos sistemas de gestão da informação, facilitando a organização, a preservação e o acesso a grandes quantidades de dados. Na sua essência, o armazenamento de dados envolve o registo sistemático de informações num formato estruturado, garantindo a sua integridade e disponibilidade ao longo do tempo. A recuperação, por outro lado, engloba o processo de acesso aos dados armazenados de forma eficiente e precisa, quando necessário. Em conjunto, estes processos constituem a base de praticamente todas as aplicações digitais, desde simples sistemas de gestão de documentos a bases de dados complexas que alimentam empresas globais.

Um dos principais desafios do armazenamento de dados é a escalabilidade. Como o volume de dados gerados em todo o mundo continua a explodir, os sistemas de armazenamento têm de ser capazes de acomodar este crescimento exponencial sem sacrificar o desempenho ou a fiabilidade. Isto levou ao desenvolvimento de várias soluções de armazenamento, incluindo as tradicionais unidades de disco rígido (HDD), unidades de estado sólido (SSD), armazenamento em nuvem e sistemas de ficheiros distribuídos, cada um oferecendo o seu próprio conjunto de vantagens e limitações.

Nos últimos anos, o advento dos grandes volumes de dados e da Internet das Coisas (IoT) veio sublinhar ainda mais a importância de mecanismos eficientes de armazenamento e recuperação de dados. Com milhares de milhões de dispositivos ligados a gerar dados a um ritmo sem precedentes, as organizações têm a tarefa de capturar, armazenar e analisar este fluxo de informação em tempo real para obterem conhecimentos accionáveis e conduzirem a uma tomada de decisões informada. Consequentemente, tem havido uma ênfase crescente nas arquitecturas de armazenamento distribuído, como o Hadoop e o Apache Cassandra, que foram concebidas para lidar com conjuntos de dados maciços em vários nós de uma forma escalável e tolerante a falhas.

A recuperação de dados, por sua vez, é impulsionada pela necessidade de acesso atempado a informações relevantes. Quer se trate de recuperar registos de clientes a partir de uma base de dados, de aceder a conteúdos multimédia a partir de um serviço de armazenamento na nuvem ou de consultar dados de sensores em tempo real a partir de dispositivos IoT, os mecanismos de recuperação eficientes são essenciais para garantir experiências de utilizador e eficiência operacional ideais. Isso levou ao desenvolvimento de algoritmos avançados de indexação e pesquisa, técnicas de cache e redes de distribuição de conteúdo (CDNs), todos com o objetivo de minimizar a latência e maximizar o rendimento em fluxos de trabalho de recuperação de dados.

A segurança é outra consideração crítica no armazenamento e recuperação de dados. Com o aumento das ciberameaças, é fundamental proteger as informações sensíveis contra o acesso não autorizado, as violações de dados e outras actividades maliciosas. Isto levou à implementação de técnicas de encriptação robustas, controlos de acesso e mecanismos de autenticação para proteger os dados em repouso e em trânsito. Além disso, os requisitos de conformidade, como o GDPR, HIPAA e PCI DSS, impõem regulamentos rigorosos sobre as práticas de tratamento de dados, exigindo ainda mais a implementação de mecanismos de armazenamento e recuperação seguros.

Apesar destes avanços, o armazenamento e a recuperação de dados continuam a ser áreas de investigação e inovação em curso. As tecnologias emergentes, como a cadeia de blocos, a computação periférica e o armazenamento quântico, têm o potencial de revolucionar a forma como os dados são armazenados, acedidos e protegidos no futuro. Quer se trate de tirar partido de registos distribuídos para armazenamento de dados à prova de adulteração, de aproveitar dispositivos de ponta para recuperação de baixa latência em aplicações IoT ou de aproveitar propriedades quânticas para encriptação ultra-segura, o panorama do armazenamento e recuperação de dados continua a evoluir em resposta a dinâmicas tecnológicas, sociais e regulamentares em constante mudança. Nesta era digital em constante evolução, a capacidade de gerir e aproveitar eficazmente os activos de dados continuará a ser a pedra angular do sucesso das organizações em todos os sectores.

5.3. Processamento e análise de dados

O processamento e a análise de dados são componentes fundamentais da vida moderna, fazendo parte integrante de domínios que vão desde a investigação científica à gestão empresarial. Na sua essência, o processamento de dados envolve a conversão de dados brutos em informação significativa. Normalmente, este processo começa com a recolha de dados, em que a informação é recolhida a partir de várias fontes, como inquéritos, sensores ou bases de dados. Uma vez recolhidos, os dados são submetidos a um pré-processamento, que inclui a sua limpeza, formatação e organização para garantir a sua exatidão e consistência.

Após o pré-processamento, os dados entram na fase de análise, onde são aplicadas técnicas estatísticas e computacionais para obter informações e tomar decisões informadas. Esta fase envolve frequentemente a exploração dos dados através de técnicas de visualização para identificar padrões, tendências e relações. Podem ser utilizados métodos estatísticos, como a análise de regressão ou algoritmos de aprendizagem automática, para modelar relações complexas nos dados e fazer previsões.

O processamento e a análise de dados desempenham um papel crucial na investigação científica, permitindo aos investigadores testar hipóteses, validar teorias e descobrir novos conhecimentos. Em áreas como a genómica, por exemplo, conjuntos de dados maciços contendo sequências de ADN são processados e analisados para compreender as variações genéticas e as suas implicações para a saúde e a doença.

No mundo dos negócios, o processamento e a análise de dados são fundamentais para conduzir os processos de tomada de decisão e otimizar as operações. As empresas utilizam a análise de dados para obter informações sobre o comportamento dos clientes, as tendências do mercado e a eficiência operacional. Através da análise dos dados de vendas, por exemplo, as empresas podem identificar mercados rentáveis, visar segmentos de clientes específicos e otimizar estratégias de preços.

Além disso, o processamento e a análise de dados são indispensáveis em domínios como os cuidados de saúde, as finanças e a cibersegurança. Nos cuidados de saúde, os dados dos pacientes são analisados para melhorar os diagnósticos, desenvolver planos de tratamento personalizados e fazer avançar a investigação médica. As instituições financeiras recorrem à análise de dados para detetar actividades fraudulentas, avaliar riscos e tomar decisões de investimento. Do mesmo modo, os especialistas em cibersegurança analisam o tráfego da rede e os registos do sistema para identificar e atenuar as ameaças à segurança.

O advento dos grandes volumes de dados revolucionou o panorama do processamento e análise de dados, apresentando oportunidades e desafios. Com a proliferação das tecnologias digitais, são geradas grandes quantidades de dados a um ritmo sem precedentes. Consequentemente, há uma procura crescente de técnicas sofisticadas de processamento e análise de dados, capazes de lidar com conjuntos de dados em grande escala de forma eficiente.

Em conclusão, o processamento e a análise de dados são ferramentas indispensáveis que permitem aos indivíduos, às organizações e às sociedades extrair informações valiosas dos dados. Quer se trate de investigação científica, de gestão empresarial ou de políticas públicas, a capacidade de processar e analisar dados de forma eficaz permite tomar decisões informadas e impulsiona a inovação. À medida que a tecnologia continua a avançar e a geração de dados acelera, a importância de capacidades robustas de processamento e análise de dados só continuará a crescer.

Conclusão:

Em conclusão, a gestão eficaz dos dados é essencial para navegar nas complexidades do panorama digital moderno. Conforme discutido, as estratégias de aquisição e ingestão de dados são fundamentais para garantir o fluxo contínuo de informações para os sistemas organizacionais. Ao empregarem processos e tecnologias robustos, como a recolha automatizada de dados e o streaming em tempo real, as organizações podem simplificar o processo de ingestão, aumentando a eficiência e a precisão.

Além disso, a importância do armazenamento e da recuperação de dados não pode ser sobrestimada. A implementação de soluções de armazenamento escaláveis e seguras permite às organizações gerir eficazmente grandes volumes de dados, garantindo simultaneamente a acessibilidade e a integridade dos dados. A adoção de tecnologias como o armazenamento em nuvem e as bases de dados distribuídas permite que as organizações se adaptem à evolução dos requisitos de dados e facilita a recuperação sem problemas para fins analíticos.

Igualmente importante é o aspeto do processamento e análise de dados. Ao tirar partido de ferramentas e técnicas analíticas avançadas, as organizações podem obter informações accionáveis a partir dos seus activos de dados, conduzindo a uma tomada de decisões informada e obtendo uma vantagem competitiva. Desde algoritmos de aprendizagem automática a plataformas de visualização de dados, as possibilidades de extrair valor dos dados são imensas, desde que as organizações invistam nos recursos e conhecimentos necessários.

Além disso, a governação e a conformidade dos dados são considerações fundamentais em qualquer estratégia de gestão de dados. O estabelecimento de estruturas de governação robustas garante que os activos de dados são geridos de forma ética, segura e em conformidade com os regulamentos relevantes e as normas da indústria. Através de uma governação de dados eficaz, as organizações podem mitigar os riscos associados a violações de dados, garantir a qualidade dos dados e promover a confiança entre as partes interessadas.

Essencialmente, o sucesso das iniciativas de gestão de dados depende de uma abordagem holística que aborde os principais pilares da aquisição, armazenamento, processamento e gestão de dados. Ao adoptarem as melhores práticas e ao tirarem partido de tecnologias inovadoras, as organizações podem libertar todo o potencial dos seus activos de dados, impulsionando a inovação e estimulando o crescimento. Numa era definida pela tomada de decisões baseada em dados, investir em estratégias para uma gestão eficaz dos dados não é apenas uma vantagem competitiva, mas uma necessidade para a sobrevivência na era digital.

Capítulo 6. Estudos de caso e boas práticas

Introdução:

Os megadados revolucionaram a forma como as empresas funcionam, permitindo-lhes extrair conhecimentos valiosos de grandes volumes de informação. A análise de estudos de casos e de melhores práticas oferece lições valiosas para as organizações que estão a navegar nas complexidades da implementação de grandes volumes de dados. Um exemplo proeminente é a forma como a Netflix aproveitou a análise de megadados para melhorar o seu sistema de recomendações. Ao analisar os hábitos de visualização e as preferências dos utilizadores, a Netflix personaliza eficazmente as recomendações de conteúdos, conduzindo a uma maior satisfação e retenção dos clientes.

Do mesmo modo, a Amazon demonstrou o poder dos grandes volumes de dados através da utilização de análises preditivas para otimizar a gestão do inventário e antecipar as necessidades dos clientes. Ao analisar os padrões de compra e as tendências do mercado em tempo real, a Amazon minimiza as rupturas de stock e maximiza a eficiência das operações da sua cadeia de abastecimento. Esta abordagem proactiva não só melhora a experiência do cliente, como também impulsiona o crescimento das receitas e a excelência operacional.

No sector dos cuidados de saúde, a análise de megadados transformou os cuidados aos doentes e os resultados clínicos. Por exemplo, a Mayo Clinic utiliza os grandes volumes de dados para analisar registos médicos, dados genómicos e outras fontes para elaborar planos de tratamento personalizados para os pacientes. Esta abordagem baseada em dados conduziu a diagnósticos mais exactos, a melhores resultados de tratamento e a uma maior segurança dos pacientes.

As instituições financeiras também adoptaram os grandes volumes de dados para reduzir os riscos e melhorar a tomada de decisões. A Goldman Sachs, por exemplo, utiliza análises avançadas e algoritmos de aprendizagem automática para analisar dados de mercado e identificar oportunidades de negociação. Ao tirar partido dos megadados, a Goldman Sachs pode tomar decisões de investimento informadas, otimizar o desempenho da carteira e gerir os riscos de forma mais eficaz em mercados voláteis.

Além disso, os grandes volumes de dados revolucionaram as estratégias de marketing, permitindo às empresas direcionar os seus públicos com precisão e obter melhores resultados. O Facebook, por exemplo, utiliza a análise de grandes volumes de dados para segmentar os utilizadores com base nos seus interesses, comportamentos e dados demográficos. Este nível granular de conhecimento permite que os anunciantes apresentem anúncios personalizados, o que resulta em taxas de envolvimento e de conversão mais elevadas.

No domínio das cidades inteligentes, os grandes volumes de dados desempenham um papel fundamental na otimização das infra-estruturas e dos serviços urbanos. Singapura é um excelente exemplo de como a análise de megadados pode melhorar a gestão da cidade e melhorar a qualidade de vida. Através de sensores e dispositivos IoT, Singapura recolhe grandes quantidades de dados sobre transportes, consumo de energia e factores ambientais. Ao analisar estes dados, os planeadores da cidade podem identificar áreas de melhoria, aliviar o congestionamento do tráfego e reduzir as emissões de carbono.

Para aproveitar efetivamente o poder dos megadados, as organizações têm de aderir a determinadas práticas recomendadas. Isto inclui investir numa infraestrutura de dados robusta, adotar plataformas de análise escaláveis e dar prioridade à segurança e privacidade dos dados. Além disso, a promoção de uma cultura orientada para os dados e o investimento na formação dos funcionários são essenciais para maximizar o valor das iniciativas de megadados.

Em conclusão, os estudos de casos e as melhores práticas oferecem informações valiosas sobre o potencial transformador dos megadados em vários sectores. Ao aprender com as implementações bem sucedidas e aderir às melhores práticas, as organizações podem desbloquear novas oportunidades de inovação, eficiência e crescimento na era dos dados.

6.1. Estudo de caso 1: Plataforma de comércio eletrónico em grande escala

As plataformas de comércio eletrónico em grande escala funcionam como centros movimentados onde os consumidores se ligam a uma miríade de produtos e serviços de todo o mundo. O Estudo de Caso 1 investiga o funcionamento intrincado de uma plataforma deste tipo, mostrando o seu percurso, desafios e triunfos na navegação pelo mercado digital. Na sua essência, este estudo de caso ilumina o papel fundamental da tecnologia na remodelação do comércio moderno e do comportamento do consumidor.

A criação da plataforma de comércio eletrónico em grande escala marca um momento transformador na história do retalho, em que as lojas físicas transcendem as fronteiras físicas para chegar a um público global. Tirando partido de tecnologias de ponta, como a inteligência artificial, a análise de dados e os algoritmos de aprendizagem automática, a plataforma aproveita grandes quantidades de dados para personalizar as experiências dos utilizadores, simplificar as operações e otimizar a gestão da cadeia de abastecimento.

No entanto, o caminho para o sucesso está repleto de obstáculos, e a plataforma de comércio eletrónico em grande escala não é exceção. Desde os obstáculos logísticos na gestão do inventário e dos centros de distribuição até às ameaças à cibersegurança e às preocupações com a privacidade dos dados, a plataforma enfrenta desafios multifacetados para salvaguardar as suas operações e manter a confiança dos consumidores. Além disso, à medida que o mercado digital evolui, a plataforma tem de se adaptar às mudanças nas preferências dos consumidores, às tecnologias emergentes e aos cenários regulamentares para se manter à frente da curva.

Para enfrentar estes desafios, a plataforma baseia-se numa abordagem multidisciplinar, integrando conhecimentos de diversos domínios, incluindo tecnologia, marketing, logística e finanças. Os esforços de colaboração entre equipas multifuncionais fomentam a inovação, a agilidade e a resiliência, permitindo que a plataforma resista às tempestades e aproveite as oportunidades num mercado dinâmico.

Uma das características que definem a plataforma é o seu compromisso incessante com o foco no cliente. Através de informações baseadas em dados e mecanismos de feedback, a plataforma aperfeiçoa continuamente as suas ofertas, serviços e interfaces de utilizador para aumentar a satisfação e a fidelidade dos clientes. Ao dar prioridade à transparência, à capacidade de resposta e à responsabilidade, a plataforma promove relações duradouras com os seus clientes, conquistando a sua confiança e lealdade no meio de uma concorrência feroz.

Além disso, a plataforma de comércio eletrónico de grande escala funciona como um catalisador para o crescimento económico e a capacitação, permitindo que os empresários, as pequenas empresas e os artesãos alcancem os mercados globais e ampliem o seu impacto. Através de iniciativas específicas, como programas de formação de vendedores, assistência financeira e apoio de marketing, a plataforma promove um ecossistema inclusivo onde os aspirantes a empresários podem prosperar e ter sucesso.

Olhando para o futuro, a plataforma de comércio eletrónico em grande escala está na vanguarda da inovação, pronta para remodelar o futuro do comércio e redefinir os limites da possibilidade. Ao abraçar as tecnologias emergentes, forjar parcerias estratégicas e fomentar uma cultura de criatividade e colaboração, a plataforma continua a inovar, inspirando espanto e admiração na sua tentativa de revolucionar a forma como fazemos compras, nos ligamos e vivemos o mundo.

6.2. Estudo de caso 2: Análise dos cuidados de saúde

No atual panorama de rápida evolução dos cuidados de saúde, a integração da análise de dados tornou-se indispensável para melhorar os cuidados prestados aos doentes, otimizar a eficiência operacional e orientar a tomada de decisões estratégicas. O Estudo de Caso 2 analisa a aplicação da análise dos cuidados de saúde num contexto clínico, ilustrando o seu impacto transformador.

O estudo de caso centra-se numa grande rede hospitalar que se debate com o desafio de gerir eficazmente os fluxos de doentes em vários departamentos, mantendo simultaneamente elevados padrões de cuidados. Utilizando ferramentas analíticas avançadas, o hospital embarcou numa abordagem abrangente baseada em dados para resolver este problema. Ao analisar os dados históricos dos doentes, incluindo as taxas de admissão, os tempos de alta e os fluxos de trabalho dos departamentos, o hospital obteve informações valiosas sobre padrões e estrangulamentos no seu sistema.

Um aspeto fundamental da iniciativa analítica envolveu a implementação de técnicas de modelação preditiva para prever os volumes de pacientes e os níveis de acuidade. Ao prever com exatidão as flutuações da procura, o hospital podia atribuir proactivamente recursos, como pessoal e capacidade de camas, para corresponder às necessidades dos pacientes. Esta abordagem proactiva não só melhorou a satisfação dos pacientes, reduzindo os tempos de espera, como também optimizou a utilização dos recursos, o que levou a uma redução de custos para o hospital.

Além disso, a análise dos cuidados de saúde permitiu ao hospital melhorar os resultados clínicos através de estratégias de tratamento personalizadas. Ao analisar os dados demográficos, o historial médico e os dados de diagnóstico dos pacientes, os médicos puderam identificar factores de risco e adaptar as intervenções às necessidades individuais dos pacientes. Esta abordagem direccionada não só melhorou os resultados dos pacientes, como também contribuiu para a reputação do hospital de prestar cuidados de elevada qualidade e centrados no paciente.

Para além das suas aplicações clínicas, a análise dos cuidados de saúde revelou-se fundamental para apoiar a tomada de decisões estratégicas a nível organizacional. Ao agregar e analisar dados de várias fontes, incluindo registos financeiros, feedback dos doentes e métricas de conformidade regulamentar, os administradores hospitalares obtiveram uma compreensão abrangente do seu desempenho e identificaram oportunidades de melhoria. Esta abordagem baseada em dados permitiu aos líderes tomar decisões informadas relativamente à atribuição de recursos, expansão de serviços e iniciativas de melhoria da qualidade.

Além disso, a implementação da análise dos cuidados de saúde facilitou a colaboração e a partilha de conhecimentos entre os diferentes intervenientes da rede hospitalar. Ao facultar o acesso a painéis de controlo em tempo real e a relatórios interactivos, as ferramentas analíticas promoveram a transparência e a responsabilização, permitindo que os médicos, os administradores e o pessoal da linha da frente alinhassem os seus esforços em prol de objectivos comuns. Esta cultura de tomada de decisões baseada em dados não só melhorou a comunicação e o trabalho em equipa, como também cultivou uma cultura de aprendizagem e melhoria contínuas.

Em conclusão, o Estudo de Caso 2 sublinha o poder transformador da análise dos cuidados de saúde para revolucionar a prestação de cuidados aos doentes, a eficiência operacional e a tomada de decisões estratégicas num ambiente clínico. Ao aproveitar a vasta quantidade de dados disponíveis nos sistemas de cuidados de saúde, as organizações podem obter informações accionáveis, impulsionar a inovação e, em última análise, melhorar os resultados tanto para os doentes como para os prestadores de cuidados de saúde. À medida que o sector dos cuidados de saúde continua a evoluir, a integração da análise continuará a ser uma pedra angular do sucesso na navegação dos complexos desafios e oportunidades que se avizinham.

6.3. Melhores práticas na gestão de grandes volumes de dados

As melhores práticas de gestão de grandes volumes de dados são essenciais para que as organizações aproveitem eficazmente o poder de grandes volumes de dados, garantindo simultaneamente a qualidade, a segurança e a conformidade dos dados. Estas práticas abrangem várias fases do ciclo de vida dos dados, desde a recolha à análise e ao armazenamento. Eis oito práticas recomendadas essenciais na gestão de grandes volumes de dados:

Governação de dados: O estabelecimento de políticas sólidas de governação de dados é fundamental. Isso envolve a definição de funções e responsabilidades, a criação de padrões de dados e a garantia de conformidade com regulamentos como o GDPR ou a CCPA. Uma governação eficaz garante que os dados são precisos, consistentes e acessíveis a utilizadores autorizados, mantendo a privacidade e a segurança.

Gestão da qualidade dos dados: A manutenção de dados de elevada qualidade é crucial para uma análise e tomada de decisões fiáveis. A implementação de processos de gestão da qualidade dos dados, como a definição de perfis, a limpeza e a validação de dados, ajuda a identificar e a retificar imprecisões, duplicações e inconsistências nos dados.

Infraestrutura escalável: A criação de uma infraestrutura escalável capaz de lidar com grandes volumes de dados é essencial para a gestão de grandes volumes de dados. As soluções baseadas na nuvem, as estruturas de computação distribuída, como o Hadoop ou o Spark, e os sistemas de armazenamento escaláveis permitem às organizações processar e armazenar conjuntos de dados maciços de forma eficiente.

Integração de dados: A integração de fontes e formatos de dados díspares num repositório unificado facilita a análise abrangente e a geração de conhecimentos. A utilização de processos de extração, transformação e carregamento (ETL) ou de plataformas modernas de integração de dados simplifica as tarefas de ingestão, transformação e carregamento de dados, assegurando simultaneamente a consistência e integridade dos dados.

Segurança e privacidade: A proteção de dados sensíveis contra o acesso não autorizado, violações e ameaças cibernéticas é fundamental. A implementação de medidas de segurança robustas, como encriptação, controlos de acesso, mecanismos de autenticação e mascaramento de dados, salvaguarda a confidencialidade e integridade dos dados, mantendo a conformidade com os requisitos regulamentares.

Gestão do ciclo de vida dos dados: A gestão de todo o ciclo de vida dos dados, desde a criação até ao arquivamento, optimiza os recursos de armazenamento e garante a relevância e acessibilidade dos dados. A implementação de estratégias de gestão do ciclo de vida dos dados, incluindo a classificação dos dados, o armazenamento em camadas e as políticas de expiração dos dados, ajuda as organizações a gerir eficazmente o crescimento dos dados e a reduzir os custos de armazenamento.

Visualização e análise de dados: A utilização de ferramentas analíticas avançadas e de técnicas de visualização permite que as organizações obtenham informações accionáveis a partir de grandes volumes de dados. Painéis interactivos, algoritmos de extração de dados e modelos de análise preditiva permitem que os intervenientes explorem tendências, padrões e correlações de dados para conduzir a uma tomada de decisões informada.

Monitorização e otimização contínuas: A monitorização dos processos de dados, do desempenho da infraestrutura e das métricas de qualidade dos dados é essencial para manter as operações de gestão de grandes volumes de dados optimizadas. A implementação de ferramentas de monitorização automatizadas e a afinação regular do desempenho garantem a escalabilidade, fiabilidade e eficiência, ao mesmo tempo que resolvem proactivamente os problemas e optimizam a utilização dos recursos.

Ao aderir a estas práticas recomendadas, as organizações podem gerir eficazmente os desafios dos grandes volumes de dados, desbloquear informações valiosas e impulsionar a inovação e a vantagem competitiva no atual cenário orientado para os dados.

Conclusão:

Em conclusão, os estudos de caso e as melhores práticas destacados nesta exploração fornecem informações valiosas sobre a gestão e a utilização eficazes de grandes volumes de dados em diversos sectores. O Estudo de Caso 1, centrado numa plataforma de comércio eletrónico em grande escala, demonstrou o papel fundamental da análise de dados na melhoria das experiências dos clientes, na otimização das operações e no crescimento do negócio. Ao tirar partido de técnicas analíticas avançadas, como a modelação preditiva e a aprendizagem automática, a plataforma conseguiu personalizar as recomendações, prever a procura e otimizar a logística, promovendo, em última análise, a fidelização dos clientes e aumentando as receitas.

O Estudo de Caso 2 aprofundou o domínio da análise dos cuidados de saúde, ilustrando a forma como a análise de grandes volumes de dados pode revolucionar os cuidados aos doentes, a investigação médica e a eficiência operacional nas organizações de cuidados de saúde. Através da integração de fontes de dados díspares, incluindo registos de saúde electrónicos e dados genómicos, os prestadores de cuidados de saúde podem descobrir informações úteis para planos de tratamento personalizados, prevenção de doenças e atribuição de recursos. Além disso, a aplicação da análise preditiva facilita a deteção precoce de riscos para a saúde e permite intervenções proactivas, conduzindo a melhores resultados e à redução de custos.

Estes estudos de caso sublinham a importância de adotar as melhores práticas na gestão de grandes volumes de dados para maximizar o valor e o impacto das iniciativas orientadas para os dados. As estruturas eficazes de governação de dados, que englobam a garantia da qualidade dos dados, a proteção da privacidade e a conformidade regulamentar, são essenciais para criar confiança e garantir a utilização responsável dos activos de dados. Além disso, os investimentos em infra-estruturas escaláveis e em metodologias ágeis permitem que as organizações se adaptem à evolução dos requisitos de dados e que iterem rapidamente as soluções analíticas.

Para além de práticas sólidas de gestão de dados, a promoção de uma cultura de literacia e colaboração de dados é fundamental para impulsionar a inovação e a mudança organizacional. Ao dotar os funcionários das competências e ferramentas necessárias para analisar e interpretar os dados, as organizações podem democratizar o acesso a informações e promover a tomada de decisões baseadas em dados a todos os níveis. Além disso, a promoção da colaboração interdisciplinar entre os cientistas de dados, os especialistas no domínio e as partes interessadas da empresa facilita a co-criação de soluções que respondem aos desafios do mundo real e proporcionam um valor tangível.

Além disso, a avaliação e otimização contínuas das iniciativas de megadados são imperativas para manter a vantagem competitiva e mitigar os riscos. Ao estabelecer indicadores-chave de desempenho (KPIs) e ao utilizar métricas como o retorno sobre o investimento (ROI) e as pontuações de satisfação do cliente, as organizações podem medir a eficácia das suas estratégias de dados e identificar áreas de melhoria. A experimentação iterativa e os ciclos de feedback permitem que as organizações aperfeiçoem modelos analíticos, algoritmos e processos, impulsionando a inovação contínua e os resultados comerciais.

Em conclusão, os estudos de casos aqui apresentados exemplificam o potencial transformador da análise de grandes volumes de dados em todos os sectores, desde o comércio eletrónico aos cuidados de saúde. Ao adoptarem as melhores práticas de gestão de dados, as organizações podem aproveitar o poder dos dados para impulsionar a inovação, melhorar a tomada de decisões e fornecer valor às partes interessadas. No entanto, o sucesso na era dos grandes volumes de dados exige mais do que apenas proezas tecnológicas - exige uma abordagem holística que englobe pessoas, processos e cultura. Através de investimentos estratégicos no desenvolvimento de talentos, no alinhamento organizacional e na gestão ética, as organizações podem desbloquear todo o potencial do Big Data e prosperar num mundo cada vez mais orientado para os dados.

Capítulo 7: Tendências futuras em Big Data

Introdução:

No domínio dos grandes volumes de dados, o futuro reserva uma infinidade de desenvolvimentos e tendências empolgantes, prontos a remodelar os sectores e as sociedades. Desde os avanços na análise de dados até à evolução dos regulamentos relativos à privacidade dos dados, eis oito parágrafos que descrevem as tendências futuras dos grandes volumes de dados.

A inteligência artificial (IA) desempenhará um papel cada vez mais importante na análise de grandes volumes de dados. Os algoritmos avançados permitirão às máquinas não só analisar grandes quantidades de dados, mas também obter informações accionáveis em tempo real. Esta integração da IA nos processos analíticos conduzirá a previsões mais precisas, recomendações personalizadas e tomadas de decisão automatizadas, revolucionando vários sectores, desde os cuidados de saúde às finanças.

À medida que a Internet das Coisas (IoT) continua a proliferar, a computação periférica tornar-se-á mais predominante na gestão de grandes volumes de dados. A computação periférica envolve o processamento de dados mais próximo da sua fonte, reduzindo a latência e a utilização da largura de banda. Esta abordagem tornar-se-á essencial para lidar com os enormes volumes de dados gerados pelos dispositivos IoT, permitindo tempos de resposta mais rápidos e um processamento de dados mais eficiente.

Com as crescentes preocupações sobre a privacidade e a ética dos dados, haverá uma mudança para regulamentos e normas mais rigorosos que regem a recolha, o armazenamento e a utilização de dados. As organizações terão de dar prioridade a práticas de dados éticas e investir em tecnologias como a privacidade diferencial e a encriptação homomórfica para proteger informações sensíveis e, ao mesmo tempo, obter informações valiosas a partir delas.

A tecnologia de cadeia de blocos será cada vez mais integrada em ecossistemas de grandes volumes de dados para melhorar a segurança, a transparência e a imutabilidade dos dados. Ao tirar partido da cadeia de blocos, as organizações podem criar pistas de auditoria invioláveis, verificar a integridade dos dados e facilitar a partilha segura de dados entre várias partes, promovendo a confiança no processo de troca de dados.

O advento da computação quântica irá revolucionar as capacidades de processamento de grandes volumes de dados, permitindo cálculos a velocidades inimagináveis com os computadores clássicos. Os algoritmos quânticos abrirão novas possibilidades de análise de dados, otimização e criptografia, permitindo às organizações resolver problemas complexos e extrair conhecimentos de conjuntos de dados maciços com uma eficiência sem paralelo.

À medida que os algoritmos de IA se tornam mais omnipresentes nos processos de tomada de decisões, haverá uma procura crescente de técnicas de IA explicável (XAI) que forneçam informações transparentes sobre a forma como os sistemas de IA chegam às suas conclusões. A IA explicável será crucial para garantir a responsabilização, ganhar a confiança dos utilizadores e mitigar os riscos de decisões tendenciosas ou erradas baseadas em algoritmos opacos.

A democratização dos dados continuará a acelerar, permitindo que indivíduos e organizações de todas as dimensões acedam e aproveitem vastos conjuntos de dados para a inovação e o crescimento. As plataformas baseadas na nuvem, as iniciativas de dados abertos e os mercados de dados facilitarão a partilha e a colaboração, permitindo que as partes interessadas aproveitem todo o potencial dos grandes volumes de dados para o bem social e o progresso económico.

A análise aumentada, que combina a IA e a aprendizagem automática com a intuição humana e a experiência no domínio, tornar-se-á a norma nos fluxos de trabalho de análise de dados. Estas ferramentas ajudarão os utilizadores na preparação, visualização e interpretação dos dados, permitindo que os utilizadores não técnicos obtenham informações a partir dos dados e tomem decisões informadas sem grandes conhecimentos técnicos.

Em resumo, o futuro dos grandes volumes de dados é marcado por uma integração de tecnologias de ponta, um enfoque na privacidade e ética dos dados e uma ênfase na capacitação de indivíduos e organizações para obterem conhecimentos accionáveis a partir de vastos conjuntos de dados. À medida que estas tendências continuam a evoluir, irão remodelar os sectores, impulsionar a inovação e preparar o caminho para um futuro orientado para os dados.

7.1. Computação de ponta e IOT

A computação de ponta e a Internet das Coisas (IoT) estão a revolucionar a forma como os dados são processados, analisados e utilizados em vários domínios. No centro desta transformação está o conceito de computação periférica, que envolve o processamento de dados mais perto da sua fonte, em vez de depender apenas de servidores de nuvem centralizados. Esta mudança de paradigma oferece inúmeras vantagens, incluindo latência reduzida, maior fiabilidade, maior privacidade e maior eficiência.

Uma das principais vantagens da computação periférica em conjunto com a IoT é a sua capacidade de minimizar a latência. Ao processar dados localmente na extremidade da rede, perto dos dispositivos que os geram, os atrasos causados pela comunicação de ida e volta para centros de dados distantes são significativamente reduzidos. Isto é fundamental para aplicações que requerem capacidade de resposta em tempo real, como veículos autónomos, automação industrial e realidade aumentada.

Além disso, a computação periférica aumenta a fiabilidade, reduzindo a dependência de uma infraestrutura centralizada. Nas arquitecturas tradicionais baseadas na nuvem, as interrupções da rede ou as falhas do servidor podem afetar gravemente a disponibilidade do serviço. No entanto, ao distribuir as tarefas de computação pelos dispositivos periféricos, o sistema torna-se mais resistente a falhas em nós individuais, garantindo um funcionamento contínuo mesmo em ambientes difíceis.

A privacidade é outra preocupação significativa abordada pela computação periférica e pela IoT. Ao processar dados sensíveis localmente, sem os transmitir para servidores remotos, as organizações podem mitigar os riscos associados a violações de dados e acesso não autorizado. Isto é particularmente importante em sectores como o dos cuidados de saúde, em que regulamentos rigorosos regem o tratamento das informações dos pacientes.

Além disso, a computação periférica permite uma maior eficiência na gestão de dados e na utilização de recursos. Ao pré-processar os dados na periferia, apenas as informações relevantes precisam de ser transmitidas para a nuvem para análise e armazenamento adicionais. Isto reduz o consumo de largura de banda e minimiza a carga computacional em servidores centralizados, levando a poupanças de custos e a uma melhor escalabilidade.

Para além destes benefícios, a computação periférica promove a inovação e permite novas aplicações e serviços. Ao aproximar as capacidades computacionais do mundo físico, os programadores podem criar experiências imersivas, infra-estruturas inteligentes e sistemas sensíveis ao contexto que anteriormente eram impraticáveis ou inviáveis.

A combinação de computação periférica e IoT também tem um grande potencial para a sustentabilidade ambiental. Ao otimizar a utilização de recursos e reduzir a necessidade de uma transmissão de dados extensiva, as organizações podem minimizar a sua pegada de carbono e contribuir para um futuro mais sustentável.

Globalmente, a computação periférica e a Internet das Coisas representam uma mudança de paradigma na forma como os dados são processados e utilizados, oferecendo inúmeros benefícios em vários domínios, incluindo latência reduzida, maior fiabilidade, maior privacidade, maior eficiência, inovação e sustentabilidade ambiental. À medida que estas tecnologias continuam a evoluir, estão preparadas para remodelar as indústrias e impulsionar a próxima vaga de transformação digital.

7.2. Inteligência artificial e aprendizagem automática

A Inteligência Artificial (IA) e a Aprendizagem Automática (AM) representam duas das tecnologias mais transformadoras do nosso tempo, remodelando indústrias, sociedades e economias. Na sua essência, a IA refere-se à simulação da inteligência humana em máquinas, permitindo-lhes realizar tarefas que normalmente requerem inteligência humana, como a aprendizagem, o raciocínio e a resolução de problemas. A aprendizagem automática, um subconjunto da IA, centra-se no desenvolvimento de algoritmos que permitem aos computadores aprender e fazer previsões ou tomar decisões com base em dados. Em conjunto, estas tecnologias têm um enorme potencial para revolucionar domínios que vão desde os cuidados de saúde e as finanças até aos transportes e ao entretenimento.

Um dos impactos mais significativos da IA e do ML é nos cuidados de saúde. Estas tecnologias estão a revolucionar o diagnóstico e o tratamento médico, permitindo diagnósticos mais precisos e atempados, planos de tratamento personalizados e a descoberta de medicamentos. Ao analisar grandes quantidades de dados médicos, os sistemas alimentados por IA podem identificar padrões e tendências que os humanos poderiam ignorar, levando a intervenções mais eficazes e a melhores resultados para os pacientes. Além disso, a robótica impulsionada pela IA está a transformar a cirurgia, tornando os procedimentos menos invasivos e mais precisos, enquanto as plataformas de telemedicina alimentadas por IA permitem a monitorização e os cuidados à distância.

Nas finanças, a IA e o ML estão a impulsionar inovações na gestão de riscos, deteção de fraudes e negociação algorítmica. Ao analisar os dados do mercado em tempo real, estas tecnologias podem identificar padrões e anomalias, ajudando as instituições financeiras a tomar melhores decisões de investimento e a mitigar os riscos. Além disso, os chatbots e os assistentes virtuais alimentados por IA estão a melhorar o serviço ao cliente e a simplificar as operações nos sectores da banca e dos seguros, melhorando a eficiência e reduzindo os custos.

Nos transportes, a IA e o ML estão a impulsionar o desenvolvimento de veículos autónomos, revolucionando a forma como as pessoas e as mercadorias são transportadas. Estes veículos utilizam sensores e algoritmos para perceber o seu ambiente e tomar decisões, reduzindo potencialmente os acidentes e o congestionamento do tráfego e melhorando a eficiência do combustível. Além disso, os algoritmos de IA estão a otimizar as redes de transportes, permitindo um encaminhamento e uma programação mais eficientes dos veículos, o que conduz a poupanças de custos e a benefícios ambientais.

No entretenimento, a IA e o ML estão a revolucionar a criação e o consumo de conteúdos. As plataformas de streaming utilizam algoritmos de IA para analisar as preferências e o comportamento dos utilizadores, recomendando conteúdos personalizados e melhorando a experiência do utilizador. Além disso, as ferramentas alimentadas por IA estão a ajudar os realizadores de filmes e os programadores de jogos a criar experiências imersivas, desde a geração de efeitos especiais realistas até à conceção de ambientes virtuais. Além disso, a música e as obras de arte geradas por IA estão a expandir as fronteiras da criatividade, desafiando as noções tradicionais de autoria e expressão artística.

No entanto, a adoção generalizada da IA e do ML também suscita preocupações éticas e sociais. Questões como o enviesamento algorítmico, as violações da privacidade e a deslocação de postos de trabalho têm de ser abordadas para garantir que estas tecnologias beneficiam a sociedade no seu conjunto. Além disso, há preocupações quanto à concentração de poder e riqueza nas mãos de alguns gigantes da IA, o que pode agravar as desigualdades e limitar a concorrência.

Em conclusão, a Inteligência Artificial e a Aprendizagem Automática têm o potencial de revolucionar praticamente todos os aspectos da vida humana, desde os cuidados de saúde e as finanças até aos transportes e ao entretenimento. No entanto, a concretização deste potencial exige a resolução de desafios éticos, regulamentares e sociais para garantir que estas tecnologias são utilizadas de forma responsável e equitativa. Ao aproveitar o poder da IA e do ML para um bem maior, podemos desbloquear oportunidades sem precedentes para a inovação, o crescimento e o florescimento humano.

7.3. Cadeia de blocos e grandes volumes de dados

Blockchain e big data são duas tecnologias revolucionárias que têm o potencial de transformar indústrias e remodelar a forma como interagimos com os dados. Na sua essência, a cadeia de blocos é um registo descentralizado e imutável, enquanto o megadados se refere às grandes quantidades de dados estruturados e não estruturados gerados todos os dias. Em conjunto, oferecem oportunidades sem precedentes para uma gestão e análise de dados segura, transparente e eficiente.

Em primeiro lugar, a tecnologia blockchain fornece um sistema transparente e à prova de adulteração para registar transacções. Cada transação está criptograficamente ligada à anterior, criando uma cadeia de blocos que não pode ser alterada sem o consenso dos participantes na rede. Esta caraterística de segurança inerente torna a cadeia de blocos uma solução ideal para armazenar dados sensíveis, como registos financeiros ou informações pessoais, garantindo a sua integridade e impedindo o acesso ou a modificação não autorizados.

Quando combinada com a análise de grandes volumes de dados, a cadeia de blocos aumenta a transparência e a rastreabilidade dos dados. Ao registar as transacções de dados num livro-razão distribuído, as organizações podem seguir a proveniência e a linhagem dos dados ao longo do seu ciclo de vida. Esta capacidade é particularmente valiosa em sectores como a gestão da cadeia de abastecimento, em que o acompanhamento da circulação de mercadorias e a verificação da sua autenticidade são cruciais para garantir a qualidade e a segurança dos produtos.

Além disso, a cadeia de blocos facilita a partilha de dados e a colaboração entre várias partes, mantendo a privacidade e a confidencialidade dos dados. Os contratos inteligentes, contratos auto-executáveis com regras predefinidas codificadas na cadeia de blocos, permitem trocas de dados automatizadas e seguras entre as partes. Esta caraterística simplifica os processos, reduz os custos e minimiza o risco de fraude ou erros associados à execução manual de contratos.

Além disso, a tecnologia blockchain aumenta a segurança dos dados ao descentralizar o armazenamento de dados e eliminar pontos únicos de falha. Os bancos de dados centralizados tradicionais são vulneráveis a ataques cibernéticos e violações de dados, pois uma única violação pode comprometer todo o conjunto de dados. Em contrapartida, a cadeia de blocos distribui os dados por vários nós numa rede, tornando-a significativamente mais resistente a ataques e garantindo a disponibilidade dos dados, mesmo em caso de falha de um nó ou de perturbação da rede.

Além disso, a integração da cadeia de blocos e dos grandes volumes de dados permite novas oportunidades de rentabilização dos activos de dados. Com os mercados de dados baseados em blockchain, os indivíduos e as organizações podem comprar, vender e trocar dados de forma segura e ponto a ponto, sem a necessidade de intermediários. Esta desintermediação reduz os custos de transação, aumenta a eficiência do mercado e permite que os proprietários de dados rentabilizem diretamente os seus dados, criando novos fluxos de receitas e oportunidades económicas.

Além disso, a cadeia de blocos melhora a governação e a conformidade dos dados, fornecendo um registo transparente e auditável das transacções de dados. As organizações podem utilizar a cadeia de blocos para aplicar controlos de acesso aos dados, acompanhar a utilização dos dados e demonstrar a conformidade com os requisitos regulamentares, como o RGPD ou a HIPAA. Esta capacidade ajuda as organizações a mitigar os riscos regulamentares, a criar confiança junto das partes interessadas e a promover uma cultura de responsabilidade e responsabilização pelos dados.

Além disso, a cadeia de blocos e os grandes volumes de dados podem ser combinados para enfrentar os desafios da veracidade e fiabilidade dos dados. Ao tirar partido dos mecanismos de consenso e das técnicas criptográficas da cadeia de blocos, as organizações podem validar a integridade e a autenticidade das fontes de dados, assegurando que apenas os dados de elevada qualidade e fidedignos são utilizados para análise e tomada de decisões. Esta abordagem aumenta a fiabilidade dos conhecimentos derivados da análise de grandes volumes de dados, permitindo que as organizações tomem decisões mais informadas e confiantes.

Em conclusão, a convergência de blockchain e big data tem um enorme potencial para revolucionar a gestão, análise e partilha de dados em todos os sectores. Ao combinar a transparência, a segurança e a descentralização da cadeia de blocos com a escalabilidade e as capacidades analíticas do megadados, as organizações podem desbloquear um novo valor dos seus activos de dados, impulsionar a inovação e criar vantagens competitivas na economia digital. À medida que estas tecnologias continuam a amadurecer e a evoluir, podemos esperar o aparecimento de aplicações e casos de utilização cada vez mais inovadores, remodelando o futuro das empresas e sociedades orientadas para os dados.

Conclusão:

Em conclusão, as tendências futuras em matéria de grandes volumes de dados estão preparadas para revolucionar numerosos sectores, abrindo caminho a avanços e oportunidades sem precedentes. A computação de ponta e a Internet das Coisas (IoT) representam uma mudança significativa no sentido do processamento descentralizado de dados, permitindo conhecimentos em tempo real e uma tomada de decisões mais rápida na ponta das redes. Esta mudança de paradigma não só aumenta a eficiência como também reduz a latência e o consumo de largura de banda, conduzindo, em última análise, a sistemas mais reactivos e inteligentes.

A inteligência artificial (IA) e a aprendizagem automática (ML) continuam a desempenhar um papel fundamental na análise de grandes volumes de dados, impulsionando a inovação em vários sectores. Os avanços nos algoritmos e técnicas de IA permitem que as organizações extraiam informações accionáveis de vastos conjuntos de dados, facilitando experiências personalizadas, análises preditivas e automação. À medida que as tecnologias de IA e de ML evoluem, podemos esperar uma sofisticação ainda maior na análise de dados, permitindo que as empresas obtenham conhecimentos mais profundos e tomem decisões mais informadas.

A tecnologia Blockchain surgiu como uma força disruptiva no domínio dos grandes volumes de dados, oferecendo segurança, transparência e imutabilidade sem paralelo. Ao tirar partido da cadeia de blocos para o armazenamento e verificação de dados, as organizações podem melhorar a integridade dos dados, mitigar a fraude e simplificar processos como a gestão da cadeia de fornecimento e as transacções financeiras. À medida que a cadeia de blocos continua a amadurecer, a sua integração com a análise de grandes volumes de dados tem um potencial imenso para melhorar a governação dos dados e a confiança nos ecossistemas digitais.

O advento da computação quântica representa um salto quântico na análise de grandes volumes de dados, prometendo um poder e uma velocidade de computação sem precedentes. Os computadores quânticos têm o potencial de resolver problemas complexos de otimização e simulação que são atualmente intratáveis para os computadores clássicos, abrindo novas possibilidades em áreas como a descoberta de medicamentos, a modelação financeira e a criptografia. Embora a computação quântica ainda esteja a dar os primeiros passos, os esforços de investigação e desenvolvimento em curso sugerem um futuro em que a análise de grandes volumes de dados com base no quantum revolucionará as indústrias e as descobertas científicas.

No meio destes avanços empolgantes, é imperativo abordar os potenciais desafios e considerações éticas associados às tecnologias de megadados. As preocupações com a privacidade, a segurança e a parcialidade dos dados devem ser cuidadosamente analisadas para garantir uma utilização responsável e resultados equitativos. Além disso, os esforços para promover a literacia e a educação em matéria de dados são essenciais para capacitar os indivíduos e as organizações a aproveitarem todo o potencial dos grandes volumes de dados, mitigando simultaneamente os riscos.

Olhando para o futuro, a colaboração e as abordagens interdisciplinares serão fundamentais para libertar todo o potencial da análise de grandes volumes de dados. Ao promover parcerias entre o meio académico, a indústria e o governo, podemos acelerar a inovação, enfrentar os desafios societais e criar um futuro mais sustentável e inclusivo. À medida que os grandes volumes de dados continuam a remodelar o nosso mundo, a adoção de tendências e tecnologias emergentes será essencial para nos mantermos competitivos e promovermos mudanças positivas na era digital.

Em conclusão, o futuro dos megadados está repleto de promessas e potencial, oferecendo oportunidades sem precedentes de inovação, crescimento e transformação. Ao adotar tendências emergentes, como a computação de ponta, a inteligência artificial, a cadeia de blocos e a computação quântica, as organizações podem desbloquear novos conhecimentos, otimizar processos e criar valor de formas anteriormente inimagináveis. No entanto, a concretização de todos os benefícios dos megadados exige um esforço concertado para enfrentar os desafios e as considerações éticas, promovendo simultaneamente a colaboração e a educação. À medida que embarcamos nesta viagem rumo a um futuro orientado para os dados, mantenhamo-nos vigilantes, proactivos e administradores responsáveis da informação, garantindo que os grandes volumes de dados continuam a capacitar e a enriquecer vidas para as gerações vindouras.

Capítulo 8: Conclusão

Introdução:

O Big Data tornou-se uma força omnipresente que molda várias facetas do nosso mundo moderno. Na sua essência, refere-se à vasta quantidade de dados estruturados e não estruturados gerados por indivíduos, organizações e máquinas, que são demasiado grandes e complexos para serem processados através de aplicações tradicionais de processamento de dados. Estes dados abrangem tudo, desde publicações nas redes sociais e transacções em linha a dados de sensores de dispositivos da Internet das Coisas (IoT) e resultados de investigação científica.

Um dos impactos mais significativos do Big Data é o seu efeito transformador nas empresas. Ao aproveitar o poder da análise avançada e dos algoritmos de aprendizagem automática, as empresas podem obter informações valiosas de grandes conjuntos de dados para informar a tomada de decisões, otimizar processos e obter uma vantagem competitiva. Por exemplo, os retalhistas podem analisar os padrões de compra dos clientes para personalizar as campanhas de marketing, enquanto os prestadores de cuidados de saúde podem utilizar os dados dos doentes para melhorar os resultados dos tratamentos e a atribuição de recursos.

Além disso, o Big Data revolucionou a investigação científica ao permitir níveis sem precedentes de descoberta orientada por dados em várias disciplinas. Da genómica e ciência climática à astronomia e ciências sociais, os investigadores podem agora analisar vastos conjuntos de dados para descobrir padrões ocultos, correlações e tendências que anteriormente eram inacessíveis. Isto conduziu a avanços em domínios como a descoberta de medicamentos, a previsão de doenças e a monitorização ambiental.

No entanto, a proliferação de Big Data também suscita preocupações relativamente à privacidade, segurança e implicações éticas. Com o enorme volume de dados que estão a ser gerados e recolhidos, existe um risco acrescido de acesso não autorizado, violações de dados e utilização indevida. Além disso, as questões relacionadas com a propriedade, o consentimento e a transparência dos dados tornaram-se cada vez mais complexas, o que levou a que se apelasse a regulamentos e quadros de governação robustos para salvaguardar os direitos individuais e mitigar potenciais danos.

Além disso, a escala e a complexidade dos grandes volumes de dados colocam desafios significativos em termos de gestão, armazenamento e processamento de dados. As bases de dados relacionais tradicionais e as ferramentas de processamento de dados têm frequentemente dificuldade em lidar com o volume, a velocidade e a variedade dos megadados, o que exige o desenvolvimento de novas tecnologias e abordagens, como a computação distribuída, as bases de dados NoSQL e a infraestrutura baseada na nuvem.

Apesar destes desafios, os potenciais benefícios do Big Data são inegáveis. Desde a melhoria dos resultados dos cuidados de saúde e das experiências dos clientes até à promoção da inovação e do crescimento económico, os conhecimentos obtidos a partir da análise de grandes volumes de dados têm o poder de transformar as indústrias e as sociedades a uma escala global. No entanto, a concretização deste potencial exige um esforço concertado para enfrentar os desafios e riscos associados, promovendo simultaneamente uma cultura de gestão responsável dos dados e de inovação.

Em conclusão, o Big Data representa uma mudança de paradigma na forma como recolhemos, analisamos e utilizamos a informação para compreender o mundo que nos rodeia. Ao aproveitar os vastos reservatórios de dados que temos à nossa disposição, temos a oportunidade de desbloquear novos conhecimentos, impulsionar a inovação e enfrentar alguns dos desafios mais prementes que a humanidade enfrenta. No entanto, é imperativo que abordemos a era dos grandes dados com cautela, assegurando que as considerações éticas, as preocupações com a privacidade e as medidas de segurança tenham a máxima prioridade para concretizar todo o seu potencial para o bem.

8.1. Resumo dos conceitos-chave

Definição e âmbito: Big Data refere-se a conjuntos de dados vastos e complexos que excedem a capacidade das aplicações tradicionais de processamento de dados. Engloba três dimensões: volume (a quantidade de dados), velocidade (a velocidade a que os dados são gerados e processados) e variedade (a diversidade de tipos e fontes de dados).

Características do Big Data: Para além dos três Vs mencionados acima, os Grandes Dados também são caracterizados pela variabilidade (inconsistência nos formatos de dados), veracidade (incerteza na qualidade dos dados) e valor (os potenciais conhecimentos e benefícios que podem ser derivados da análise dos dados).

Fontes de grandes volumes de dados: Os grandes volumes de dados provêm de várias fontes, incluindo interacções nas redes sociais, dados de sensores de dispositivos IoT, registos de transacções, registos da Web, aplicações móveis e muito mais. Estes dados são frequentemente não estruturados ou semi-estruturados, exigindo ferramentas e técnicas especializadas para processamento e análise.

Tecnologias para grandes volumes de dados: Surgiram várias tecnologias e plataformas para lidar com os grandes volumes de dados, incluindo estruturas de computação distribuída como o Hadoop e o Apache Spark, bases de dados NoSQL como o MongoDB e o Cassandra e serviços baseados na nuvem como o Amazon Web Services (AWS) e o Microsoft Azure.

Processamento e análise de dados: O processamento de Big Data envolve fases como a ingestão, o armazenamento, o processamento, a análise e a visualização de dados.

Técnicas como MapReduce, algoritmos de aprendizagem automática, processamento de linguagem natural e análise gráfica são normalmente utilizadas para extrair informações e padrões de grandes conjuntos de dados.

Desafios dos grandes volumes de dados: Apesar dos seus potenciais benefícios, o Big Data apresenta desafios relacionados com a privacidade, segurança, escalabilidade e governação dos dados. Garantir a qualidade dos dados, proteger informações confidenciais e cumprir regulamentos como o GDPR e a CCPA são considerações críticas para as organizações que lidam com Big Data.

Aplicações de Big Data: A análise de Big Data é aplicada em vários domínios, incluindo cuidados de saúde, finanças, retalho, marketing, transportes e cibersegurança. Permite às organizações otimizar as operações, melhorar a tomada de decisões, melhorar as experiências dos clientes e descobrir novas oportunidades de negócio.

Tendências futuras: O campo do Big Data continua a evoluir com os avanços em tecnologias como a computação de ponta, a análise em tempo real e a inteligência artificial. Como a geração de dados continua a crescer exponencialmente, a capacidade de aproveitar e extrair valor dos megadados tornar-se-á cada vez mais importante para as empresas e para a sociedade em geral.

8.2. Perspectivas futuras para a dinâmica dos grandes volumes de dados

Ao contemplar as perspectivas futuras da dinâmica dos grandes volumes de dados, é essencial reconhecer o impacto transformador que teve e continuará a ter em vários sectores. Com os avanços tecnológicos, a proliferação de dispositivos interligados e o crescimento exponencial da informação digital, os grandes volumes de dados estão preparados para se tornarem ainda mais integrados nos processos de tomada de decisões, na inovação e na resolução de problemas nos próximos anos.

Uma tendência significativa que irá provavelmente moldar o futuro da dinâmica dos grandes volumes de dados é o aperfeiçoamento contínuo das técnicas e ferramentas de análise de dados. À medida que os algoritmos se tornam mais sofisticados e o poder computacional aumenta, as organizações estarão mais bem equipadas para extrair conhecimentos accionáveis de conjuntos de dados vastos e diversificados. Isto permitir-lhes-á tomar decisões baseadas em dados com maior precisão e eficiência, gerando vantagens competitivas e fomentando a inovação.

Além disso, a convergência dos grandes volumes de dados com outras tecnologias emergentes, como a inteligência artificial (IA), a aprendizagem automática (ML) e a Internet das Coisas (IoT), amplificará ainda mais o seu impacto. Estas sinergias permitirão a criação de sistemas inteligentes capazes de analisar autonomamente os dados, identificar padrões e até fazer previsões ou recomendações em tempo real. Como resultado, as empresas ganharão níveis sem precedentes de agilidade e capacidade de resposta, permitindo-lhes adaptar-se rapidamente às condições de mercado em mudança e às preferências dos clientes.

Outro aspeto crucial do futuro da dinâmica dos grandes volumes de dados é a ênfase crescente na privacidade e segurança dos dados. Com o crescente escrutínio das práticas de tratamento de dados e a implementação de regulamentos mais rigorosos, como o Regulamento Geral de Proteção de Dados (RGPD) e a Lei de Privacidade do Consumidor da Califórnia (CCPA), as organizações terão de dar prioridade a estruturas robustas de governação de dados e adotar técnicas de encriptação e anonimização para salvaguardar informações sensíveis. Se não o fizerem, poderão sofrer danos à reputação, repercussões legais e perda de confiança dos clientes.

Além disso, espera-se que a democratização dos grandes volumes de dados acelere no futuro, uma vez que as plataformas de computação em nuvem tornam as capacidades analíticas avançadas mais acessíveis a organizações de todas as dimensões. Esta democratização irá nivelar o campo de jogo, permitindo que empresas mais pequenas e startups aproveitem o poder da análise de grandes volumes de dados sem a necessidade de investimentos iniciais significativos em infra-estruturas ou conhecimentos especializados. Como resultado, podemos prever uma proliferação de startups orientadas por dados e soluções inovadoras em vários sectores.

Para além do seu impacto económico, os grandes volumes de dados desempenharão também um papel crucial na resolução de alguns dos desafios mais prementes da sociedade, incluindo os cuidados de saúde, as alterações climáticas e a urbanização. Ao tirar partido da análise de grandes volumes de dados, os investigadores e os decisores políticos podem obter conhecimentos mais profundos sobre fenómenos complexos, identificar tendências e correlações e desenvolver estratégias baseadas em provas para atenuar os riscos e melhorar os resultados. Desde a medicina personalizada às iniciativas de cidades inteligentes, os megadados têm o potencial de gerar profundos benefícios sociais e ambientais nos próximos anos.

No entanto, à medida que os megadados continuam a proliferar e as suas aplicações se generalizam, as considerações éticas tornar-se-ão cada vez mais importantes. As questões relacionadas com a propriedade dos dados, o consentimento, a parcialidade e a transparência terão de ser abordadas de forma proactiva para garantir que os benefícios dos megadados sejam distribuídos de forma equitativa e que os direitos e liberdades dos indivíduos sejam protegidos. Além disso, os esforços para colmatar o fosso digital e garantir um acesso equitativo aos dados e à tecnologia serão essenciais para evitar o agravamento das disparidades socioeconómicas existentes.

Em conclusão, as perspectivas futuras para a dinâmica dos grandes volumes de dados são inegavelmente promissoras, com potencial para revolucionar as indústrias, capacitar os indivíduos e enfrentar alguns dos desafios mais complexos da humanidade. No entanto, a concretização deste potencial exigirá esforços concertados das partes interessadas de todos os sectores para abordar proactivamente considerações tecnológicas, éticas e sociais. Se aproveitarmos o poder dos megadados de forma responsável e inclusiva, podemos criar um futuro em que a inovação baseada em dados impulsione o progresso e a prosperidade para todos.

8.3 Reflexões finais e recomendações

À medida que navegamos no panorama dos grandes volumes de dados, é imperativo refletir sobre o seu significado e traçar um rumo para a sua utilização responsável e eficaz. Os grandes volumes de dados surgiram como uma força transformadora em todos os sectores, permitindo conhecimentos e inovações sem precedentes. No entanto, o seu enorme volume, velocidade e variedade colocam desafios únicos que têm de ser resolvidos para aproveitar todo o seu potencial.

Antes de mais, as organizações devem dar prioridade à governação dos dados e às considerações éticas. Com grandes quantidades de dados vem uma grande responsabilidade. Estruturas de governação robustas são essenciais para garantir a privacidade e segurança dos dados e a conformidade com regulamentos como o GDPR e a CCPA. Além disso, devem ser estabelecidas directrizes éticas para reger a recolha, o armazenamento e a utilização de dados para evitar a utilização indevida e tendenciosa.

Além disso, há uma necessidade premente de investimentos na qualidade e interoperabilidade dos dados. O valor dos grandes volumes de dados depende da sua exatidão, relevância e acessibilidade. As organizações devem implementar processos e tecnologias para garantir a integridade e a consistência dos dados em fontes diferentes. As normas de interoperabilidade também devem ser promovidas para facilitar o intercâmbio e a integração de dados sem descontinuidades, promovendo a colaboração e a inovação.

Além disso, há uma procura crescente de capacidades analíticas avançadas e de inteligência artificial (IA). À medida que os volumes de dados continuam a aumentar, as abordagens analíticas tradicionais não conseguem extrair informações accionáveis. A análise baseada em IA, incluindo a aprendizagem automática e o processamento de linguagem natural, oferece soluções escaláveis para extrair conhecimentos valiosos de grandes volumes de dados. No entanto, as organizações têm de investir no desenvolvimento de talentos e em infra-estruturas para tirar partido destas capacidades avançadas de forma eficaz.

Além disso, a colaboração e a partilha de conhecimentos são fundamentais na era dos grandes volumes de dados. Nenhuma organização possui, por si só, todos os dados e conhecimentos necessários para enfrentar desafios complexos. A colaboração entre os intervenientes da indústria, o meio académico e as agências governamentais pode desbloquear sinergias e acelerar a inovação. As iniciativas e parcerias de dados abertos podem promover uma cultura de transparência e colaboração, impulsionando o progresso coletivo.

Além disso, a democratização do acesso aos dados e às ferramentas de análise é essencial para capacitar as partes interessadas a todos os níveis. Os obstáculos tradicionais ao acesso e à análise de dados, como os conhecimentos técnicos e as limitações de recursos, devem ser eliminados. As plataformas analíticas de fácil utilização e os programas de formação podem permitir que os indivíduos de todas as disciplinas aproveitem o poder dos grandes volumes de dados, promovendo uma sociedade alfabetizada em dados.

Em conclusão, a era dos grandes volumes de dados apresenta oportunidades ilimitadas para a inovação e o progresso. No entanto, a realização de todo o seu potencial exige esforços concertados para enfrentar os desafios relacionados com a governação, a qualidade, a análise, a colaboração e a acessibilidade. Ao adotar uma abordagem holística que dê prioridade à ética, promova a colaboração e capacite as partes interessadas, podemos desbloquear o poder transformador dos megadados e promover mudanças positivas em todos os domínios.

Conclusão:

Em conclusão, este discurso mergulhou no intrincado domínio da dinâmica dos grandes volumes de dados, desvendando a sua natureza multifacetada e o seu profundo impacto em várias facetas das nossas vidas. Ao longo da nossa exploração, navegámos através do labirinto de conceitos, teorias e aplicações, lançando luz sobre o poder transformador dos grandes volumes de dados na formação de indústrias, sociedades e economias.

Elucidámos os princípios fundamentais subjacentes aos grandes volumes de dados, realçando os seus quatro V: volume, velocidade, variedade e veracidade. Estes pilares servem de base para a construção do vasto cenário da análise de megadados, permitindo às organizações extrair informações valiosas do dilúvio de dados gerados diariamente. Além disso, salientámos o papel fundamental das tecnologias avançadas, como a aprendizagem automática, a inteligência artificial e a computação em nuvem, no aproveitamento do potencial dos megadados, facilitando a análise preditiva, o reconhecimento de padrões e os processos de tomada de decisões.

Olhando para o futuro, o futuro da dinâmica dos grandes volumes de dados parece simultaneamente promissor e desafiante. À medida que continuamos a assistir a um crescimento exponencial na produção de dados, alimentado pela proliferação de dispositivos ligados e plataformas digitais, a procura de ferramentas analíticas sofisticadas e de profissionais de dados qualificados irá aumentar. Além disso, as tendências emergentes, como a computação de ponta, a computação quântica e a tecnologia de cadeias de blocos, estão preparadas para revolucionar o panorama dos grandes volumes de dados, apresentando novas oportunidades e complexidades. No entanto, no meio deste turbilhão de inovação, as considerações éticas relativas à privacidade, segurança e parcialidade dos dados devem permanecer na vanguarda dos debates, garantindo que os benefícios dos grandes volumes de dados são distribuídos de forma equitativa e utilizados de forma responsável.

Em conclusão, é imperativo que as organizações e os decisores políticos adoptem uma abordagem holística em relação à gestão de grandes volumes de dados, englobando a inovação tecnológica, os quadros regulamentares e as orientações éticas. A colaboração entre as partes interessadas do sector, o meio académico e as instituições governamentais é essencial para enfrentar os desafios e oportunidades em evolução colocados pela dinâmica dos megadados. Além disso, os investimentos em programas de educação e formação são cruciais para cultivar uma mão de obra qualificada capaz de navegar nas complexidades da análise de dados e de obter conhecimentos significativos. Ao promover uma cultura de literacia de dados, transparência e responsabilidade, podemos aproveitar o potencial transformador dos megadados para resolver problemas sociais prementes, estimular a inovação e promover o crescimento inclusivo.

Essencialmente, a viagem pelo domínio da dinâmica dos grandes volumes de dados está longe de ter terminado. É uma viagem contínua de descoberta, inovação e adaptação, guiada pelo compromisso inabalável de aproveitar o poder dos dados para a melhoria da humanidade. Ao embarcarmos nesta viagem, mantenhamo-nos vigilantes, proactivos e administradores conscienciosos dos dados, garantindo que as promessas dos grandes volumes de dados se concretizem para as gerações vindouras.

Capítulo 9: Leitura adicional e materiais de investigação

1. Y. Abdeddaïm and D. Masson, "Real-Time Scheduling of Energy Harvesting Embedded Systems with Timed Automata," 2012 IEEE International Conference on Embedded and Real-Time Computing Systems and Applications, Seoul, Korea (South), 2012, pp. 31-40, doi: 10.1109/RTCSA.2012.21.

2. N. Kyparissas e A. Dollas, "Uma arquitetura baseada em FPGA para simular autómatos celulares com grandes vizinhanças em tempo real", 29.ª Conferência Internacional de 2019 sobre lógica programável de campo e aplicações (FPL), Barcelona, Espanha, 2019, pp. 95-99, doi: 10.1109/FPL.2019.00024.

3. G. Li, D. Song, L. Liao, F. Sun e J. Du, "Learning automata-based adaptive web services composition," 2014 IEEE 5th International Conference on Software Engineering and Service Science, Beijing, China, 2014, pp. 792-795, doi: 10.1109/ICSESS.2014.6933685.

4. P. Ghosh e G. Karsai, "Distributed Cyber Physical Systems Software Model Checking using Timed Automata," 2023 IEEE 26th International Symposium on Real-Time Distributed Computing (ISORC), Nashville, TN, USA, 2023, pp. 164-169, doi: 10.1109/ISORC58943.2023.00030.

5. B. Budiyanto, A. I. Kistijantoro e B. R. Trilaksono, "Formal verification of integrated modular avionics (IMA) health monitoring using timed automata," 2015 International Seminar on Intelligent Technology and Its Applications (ISITIA), Surabaya, Indonésia, 2015, pp. 291-296, doi: 10.1109/ISITIA.2015.7219994.

Printed by Books on Demand GmbH, Norderstedt / Germany